中央高校基本科研业务费专项资金资助（2018MS136）

大数据和哲学社会科学
交叉研究方法与实践

THE APPLICATION OF BIG DATA ANALYSIS TO
PHILOSOPHY & SOCIAL SCIENCES

马燕鹏　王建红　等著

中国社会科学出版社

图书在版编目（CIP）数据

大数据和哲学社会科学交叉研究方法与实践／马燕鹏等著 .
—北京：中国社会科学出版社，2021. 10
ISBN 978 - 7 - 5203 - 8934 - 1

Ⅰ. ①大… Ⅱ. ①马… Ⅲ. ①数据处理—交叉科学—哲学
社会科学—研究 Ⅳ. ①TP274 ②C53

中国版本图书馆 CIP 数据核字（2021）第 163228 号

出 版 人	赵剑英
责任编辑	王　衡
责任校对	王　森
责任印制	王　超

出　　版	中国社会科学出版社
社　　址	北京鼓楼西大街甲 158 号
邮　　编	100720
网　　址	http://www.csspw.cn
发 行 部	010 - 84083685
门 市 部	010 - 84029450
经　　销	新华书店及其他书店

印　　刷	北京明恒达印务有限公司
装　　订	廊坊市广阳区广增装订厂
版　　次	2021 年 10 月第 1 版
印　　次	2021 年 10 月第 1 次印刷

开　　本	710 × 1000　1/16
印　　张	16
插　　页	2
字　　数	248 千字
定　　价	89.00 元

凡购买中国社会科学出版社图书，如有质量问题请与本社营销中心联系调换
电话：010 - 84083683

前　言
——以新机制撬动哲学社会科学大数据研究[*]

实施大数据战略、运用大数据提升国家治理体系和治理能力现代化水平，离不开哲学社会科学大数据研究。当前，我国哲学社会科学大数据研究在社会舆情、社会行为、文献分析等领域积累了一些经验，取得了一定成果，但与国家实施大数据战略的现实需求相比，仍显不足。受机制障碍约束，不少研究者仅对一些外部性、原则性问题展开讨论，尚未真正应用大数据方法开展哲学社会科学领域的理论和现实问题研究，未能为深入实施大数据战略、推动国家治理体系和治理能力现代化提供有力支撑。

当前制约哲学社会科学大数据研究的机制障碍

哲学社会科学大数据研究，主要是指将大数据方法应用于哲学社会科学领域，通过大数据方法创新解决哲学社会科学领域理论与实践问题。基于数据来源的不同，哲学社会科学大数据研究主要包括两种类型：一类是基于社会行为数据分析的哲学社会科学研究，即根据各种网络行为数据、线上线下交易数据、社会事务管理数据等，对哲学社会科学领域问题进行创新性研究，或发现并解决一批新问题；另一类是基于文献文本大数据分析的哲学社会科学研究，主要是将迄今为止的各种图书、文献、文档资料电子化后，对这些电子文本进行基于大数据方法的

---

* 原文刊发于《光明日报》2018 年 11 月 22 日第 15 版。

创新探究和知识发掘。这两类研究都属于自然科学与哲学社会科学间的大门类学科交叉研究，相互交叉的学科性质差距很大，开展交叉研究的基础相对薄弱。目前，掌握大数据技术的研究者主要来自计算机和应用统计等理工科专业，相对缺乏哲学社会科学领域的专业知识储备；从事哲学社会科学领域的研究者大多不太了解大数据技术，在掌握和运用上存在一定困难。

就交叉研究双方的主动性和积极性来看，一方面，大数据研究者相对缺乏主动补充哲学社会科学知识的动力，他们中的多数已经投身于工商业界对大数据技术的广泛应用；另一方面，尽管不少哲学社会科学研究者对大数据技术表现出浓厚兴趣，但从大数据概念引入哲学社会科学领域至今，真正应用大数据方法的哲学社会科学研究成果尚属鲜见。为何出现此类现象？至少需要从以下几个维度考察分析。

从科研项目立项看，哲学社会科学大数据研究需要人力、物力支撑，需要项目支持推动。但目前各级哲学社会科学类课题中，体现大数据与哲学社会科学交叉研究的科研项目立项尚属少数，与国家对大数据的现实需求仍有一定差距。

从学科建设要求看，哲学社会科学领域的研究对象往往具有抽象性，在交叉研究过程中，学科属性相对容易模糊。除传统上数据化较强的社会学、信息情报学等学科采用大数据方法容易被人接受外，其他哲学社会科学领域的大数据研究成果在学科评估等检验中容易受到学科归属的质疑，不易成为学科建设的有力支撑，各哲学社会科学领域的学位单位和学科点对交叉研究很难给予支持。

从学术组织建设看，对于相对独立的研究领域而言，成立相应的学术团体是推动该领域研究发展的组织基础。目前为止，成立哲学社会科学大数据研究类学术组织比较困难，主要原因在于其学术组织的管理归属难以划清。哲学社会科学大数据研究属于大类学科的交叉性研究，其学术组织的人员构成具有跨学科性，其业务范围具有交叉性。在当前学科领域划分越来越精细化、专业化，管理职责越来越精确化的大趋势下，很难找到在业务范围上完全匹配的业务主管部门。在我国当前社团管理体制下，找不到相应的业务主管部门，就很难成立相应的学术组织。

此外，哲学社会科学大数据研究还存在人才队伍建设不足、研究规范缺位等问题。这些障碍是上述问题的延伸，只有上述问题得到破解后，这些障碍才能有效解决。

推进哲学社会科学大数据研究的机制抓手

建立科研立项新机制。交叉研究类项目是科研项目申请和评审的难点，当前的做法是遵循"最接近"原则，即项目申请和立项评审均由与项目研究的交叉领域最接近的学科负责。这种做法在本质上是将交叉研究的立项审批权交由专业化学科评委负责。由于专业化学科评委对交叉研究的认知态度不一，难免在评审过程中出现差别对待。建议项目基金管理机构在学科分类中单设"交叉研究类"项目，广泛征集大数据与哲学社会科学各具体学科交叉研究的指导性课题，编制具有引领性的交叉研究课题指南。在评价指标上，对交叉研究项目采取差异化原则，注重考察项目交叉思路的新颖性、交叉方法的前沿性以及选题的学术价值和应用价值。

学科建设新机制。为了鼓励各学科单位和学科点开展交叉研究，建议在学科评估指标体系中，增列反映学科交叉创新状况的指标。比如，在"培养过程质量"二级指标下，增设反映"交叉培养课程开设"情况的三级指标；在"科研成果"二级指标下，增设反映"交叉创新研究成果"情况的三级指标。建议在国家下达研究生招生计划时，坚持鼓励学位单位和学位点开展交叉培养的倾斜性政策。比如，对明确开列交叉培养计划的学位单位和学位点增加研究生招生指标。鼓励交叉培养经验丰富的高校先行先试，设立以哲学社会科学类学科为主的交叉研究院。通过系列政策推动全国各学位单位和学位点形成积极建设交叉学科的良好氛围。

学术组织建设新机制。国家可以鼓励既有的哲学社会科学类学术组织增设大数据交叉研究新分支组织。比如，可由中国自然辩证法研究会增设"大数据与哲学社会科学专业委员会"，可由中国社会学会增设

"计算社会学专业委员会"，可由中国新闻史学会增设"大数据舆情研究委员会"等。同时鼓励直接申请成立相关学术组织。建议允许交叉研究类学术组织寻找业务主管部门时采取"相关"原则，即只要交叉研究类学术组织所涉及的业务领域与某个业务主管部门相关，即可向该部门申请业务主管。比如，哲学社会科学大数据研究协会既可以向教育部申请作为其业务主管，也可以向中国社会科学院等部门申请作为其业务主管，以此减少交叉研究类学术组织的设立障碍。

目　　录

第一篇　方法论基础篇

大数据方法与马克思主义理论话语体系研究初探 …………………（3）

基于大数据构建企业党建与生产经营融合评价体系 …………（14）

善用大数据技术促高等教育治理现代化 …………………………（22）

以大数据为支点释放应急管理效能 ……………………………（26）

大数据时代下省域现代化治理探索

　　——基于浙江抗击新冠肺炎疫情的经验与启示 ……………（28）

计算主义的未来

　　——基于科学哲学和SSK的研究 ……………………………（41）

第二篇　研究实践篇

马克思主义理论学科十周年文献数据研究：验证与发现 ………（59）

《资本论》中的"性情马克思"

　　——基于R语言安装包的文本情感分析 ……………………（75）

瞿秋白《现代社会学》马克思主义中国化方法独特性新探

　　——基于LAD主题模型的文本比较 ………………………（87）

验证与发现：高校思想政治理论课教学质量年成就新探

　　——基于2016—2017年期刊文献的文本数据比较 …………（100）

大学生"马克思主义"网络关注的大数据分析
　　——基于百度指数的再研究 ……………………………（113）
中国消费领域社会关注变化趋势研究
　　——基于人民网经济新闻排行榜文本的 LDA 模型分析
　　（2007—2017）　……………………………………（126）
美国对华态度及经贸往来的长期趋势新探
　　——基于情感分析的方法 ………………………………（142）
人民美好生活需要层次划分的经验性研究
　　——基于网络问政文本的大数据分析 …………………（155）
"人民中心"视域下政府回应民众需求的类型及启示研究
　　——基于上海市养老政策与典型网络舆论文本的大数据
　　分析 ………………………………………………………（203）

后　记 ………………………………………………………（247）

第一篇　方法论基础篇

大数据方法与马克思主义理论
话语体系研究初探[*]

王建红　张乃芳

　　2016 年习近平总书记在哲学社会科学工作座谈会上的讲话中 6 次提到"话语体系"，明确指出"要注意加强话语体系建设"，相关研究正在迎来新的高潮。马克思主义理论话语体系建设是中国特色哲学社会科学话语体系建设不可或缺的环节，是当代中国话语权建设的基本构成。中国特色哲学社会科学及其具体学科话语体系的建设，必然以马克思主义理论话语体系为引领，在中国国际形象塑造和传播中，中国国际话语的言说也不可能完全脱离开马克思主义理论话语的运用。值得注意的是，迄今为止，人们对于马克思主义理论话语体系的认识仍然不甚明了，对于马克思主义理论话语体系到底是什么、怎样构成、什么结构等问题，至今尚未给出很好的解答。一个首要的问题是：既然马克思主义理论话语体系如此重要，其研究为什么没有得到很好的开展？主要困难是什么？有没有突破的方法？本文将就此展开讨论。

一　马克思主义理论话语体系研究困境及成因

　　"话语体系"是当前理论界的研究热点。以最大中文期刊数据库中国知网（CNKI）为例，截至 2016 年，"话语体系"主题文献已达 9468 篇，仅 2016 年就有 2246 篇。综合来看，这些文献涉及的相关内容主要

　　*　原文刊于《马克思主义理论学科研究》（双月刊）2017 年第 5 期。

有以下几个方面：一是话语体系的内涵，比较一致的观点是，包含"概念、范畴、表述"①；二是话语体系的研究意义，综合而言，是基于理论和我国政治、社会、文化发展等实践的需要②；三是话语体系的研究内容，包括当代中国话语的特征、现象、问题、历史、文化、主体、内容、形式、策略、目的、语境，中国原创话语的梳理和提炼等③；四是研究的原则和方法，必须坚持马克思主义，坚持中国视角，面向中国问题，继承和弘扬中华文化，体现中国特色、中国气派、中国风格，同时还要有国际视野④。

但与话语体系研究热不相称的是，马克思主义理论话语体系研究并未受到应有关注。同样以 CNKI 数据库为例，截至 2016 年，"马克思主义理论话语体系"主题文献仅有 3 篇，与其相似的"马克思主义话语体系"主题文献也只有 96 篇。有人认为，"马克思主义理论话语体系"包含马克思主义中国化、中国特色社会主义、思想政治教育三个方面⑤。根据这种理解，从这三个方面分别展开研究的"马克思主义理论话语体系"的相关文献的确数量庞大，甚至占据了"话语体系"研究的较大比例。但这些研究多是将"马克思主义理论话语体系"作为一

---

① 习近平总书记《在哲学社会科学工作座谈会上的讲话》中对话语体系建设的要求是，要"打造易于为国际社会所理解和接受的新概念、新范畴、新表述"。

② 陈汝东：《论国家话语体系的建构》，《江淮论坛》2015 年第 2 期；肖贵清：《论中国模式研究的马克思主义话语体系》，《南京大学学报》（哲学·人文科学·社会科学版）2011 年第 1 期；逄锦聚：《构建中国哲学社会科学理论体系和话语体系》，《人民日报》2014 年 9 月 12 日第 7 版。

③ 施旭：《当代中国话语的中国理论》，《福建师范大学学报》（哲学社会科学版）2013 年第 5 期；严书翰：《做好哲学社会科学话语体系创新的基础性工作》，《学习时报》2014 年 2 月 17 日第 3 版。

④ 陈锡喜：《重构社会主义意识形态话语体系的目标、原则和重点——以马克思主义中国化历史经验为视角的思考》，《毛泽东邓小平理论研究》2011 年第 11 期；李捷：《构建中国哲学社会科学话语体系的几点思考》，《中国社会科学报》2014 年 1 月 17 日第 B02 版；邓纯东：《努力构建以马克思主义为指导的哲学社会科学话语体系》，《马克思主义研究》2014 年第 6 期；郭建宁：《打造与中国道路相适应的话语体系》，《人民论坛·学术前沿》2012 年第 11 期。

⑤ 吴春宝、焦堃、尼玛次仁：《我国马克思主义理论话语体系研究：文献回顾与研究展望》，《广东省社会主义学院学报》2013 年第 2 期。

个范畴性、前提性概念，而鲜见对其概念内涵、研究意义、内容构成、研究方法等展开深入研究，很难说是对"马克思主义理论话语体系"本身的研究。

图书出版情况也能一定程度上反映某种研究的深入状况。据最大中文图书搜索引擎"读秀知识库"查询，截至 2017 年 2 月，书名包含"话语体系"的图书只有 23 种，其中 6 种是在"理论体系"或语言学意义上的研究，与当前意义上的话语体系研究无关，还有 10 种是论文集。真正的"话语体系"学术专著只有 7 部，相对较少。其中，2011年陈锡喜出版了《马克思主义：意识形态和话语体系》，通过考察马克思主义话语体系的形成和衍进，论证了当代背景下重构社会主义意识形态话语体系的方法和前景①；李军林研究了革命话语体系问题②；韩庆祥等在其他主题下提出了中国话语体系问题③；另有 3 种图书研究了思想政治教育的话语体系；还有 1 种研究了中国犯罪学话语体系。这在一定程度上说明，包括马克思主义理论话语体系在内，整体而言，话语体系的深入研究相对薄弱。

总之，国内对马克思主义理论话语体系本身的研究的确比较缺乏，这与其地位不相对称。之所以如此，在本文看来，主要原因在于马克思主义理论话语体系的既有研究存在方法上的难题。因为"马克思主义理论"所涉文献规模庞大，其话语体系研究需要对其总体话语资料进行大规模的文本研读，传统的规范性理论研究方法难以胜任，很多研究只能涉及某一侧面（如中国化）、某一领域（如中国特色社会主义）、某一学科（如思想政治教育）。这些具体研究当然需要，但总体的系统研究更为基础而重要，必须有所突破。这就需要找到一种能够高效全面考察庞大的马克思主义理论"话语总体"的新方法。大数据方法即是可以选取的一种适宜的方法。

---

① 陈锡喜：《马克思主义：意识形态和话语体系》，华东师范大学出版社 2011 年版。

② 李军林：《论马克思主义革命话语体系初步构建的历史经验》，《湖南工业大学学报》（社会科学版）2011 年第 2 期。

③ 韩庆祥：《全球化背景下"中国话语体系"建设与"中国话语权"》，《中共中央党校学报》2014 年第 5 期。

二 "大数据"对话语体系研究的
适用性、问题及成因

"大数据"源于计算机、天文学、基因工程领域，提出后不断向商业、公共管理等领域拓展（如广告精准投放、客户锁定、传染病防控），并在业界推动下逐渐成为一股社会热潮，学术热潮也随之形成。以 CNKI 数据库为例，截至 2016 年，"大数据"主题文献高达78618 篇，篇名包含的也有 38379 篇，其中 90% 以上是来自 2013 年后。这些研究的具体内容主要包括大数据环境下数据处理技术及方法、商业价值挖掘、文本挖掘及本体研究三个方面。国外的大数据研究相对更加领先，在算法及技术研究领域，如自然语言处理、深度Web 搜索与数据挖掘等，已经相当成熟；在大数据应用方面，也已经出现了很多成功案例，主要包括商业智能、政府决策、公共服务等几个方面。

在话语体系研究中应用大数据方法，主要涉及其两方面的具体技术：文本挖掘和本体构建。文本挖掘隶属于数据挖掘，主要任务是从海量文本中发现潜在规律和趋势①，可以实现诸如信息抽取、共词分析、主题演化②以及舆情分析③等功能，在很多行业和领域中都已有了广泛而典型的应用，其技术已经成熟，很多关键技术已经进入商业化阶段，国内外已经出现了以信息、文本分析为主要功能的商业软件（如 TRSCKM）。大数据的本体研究的技术应用主要是本体构建，是一种对特定领域的概念及其关系进行明确、形式化、可共享的规范化描述的系统性方法。这两大方面的大数据应用都已有很多成功范例。在文本挖掘方面，比如，有人基于文本挖掘分析了法

---

① 张雯雯、许鑫：《文本挖掘工具述评》，《图书情报工作》2012 年第 8 期。
② 赵冬晓、王效岳、白如江、刘自强：《面向情报研究的文本语义挖掘方法述评》，《现代图书情报技术》2016 年第 10 期。
③ 黄晓斌、赵超：《文本挖掘在网络舆情信息分析中的应用》，《情报科学》2009 年第 1 期。

国历届总理的就职演讲与财政预算的关系①；有人成功使用文本挖掘方法实现自动寻找相关性②。本体构建的成功应用也已经非常普遍，如在哲学领域已经出现多个本体构建项目，而生物医学领域的本体构建已达到了 500 个③。这些成功的研究范例都可以成为话语体系构建方法的直接参考。

大数据方法之所以适宜于话语体系研究的关键依据在于：文本挖掘和本体构建的大数据方法能够高效、海量地处理各类复杂的文本数据，并能挖掘出所需要的话语信息，非常适宜于话语体系研究中对不同层级话语概念的提取，以及话语概念间"关系"体系的构建。以马克思主义理论话语体系的研究为例，话语体系是理论思想的表达形式，隐含在理论文本和社会话语之中，主要表现为概念体系和表述体系（范畴在很多层面与概念接近，在形式上都表现为词语，将其统归到概念体系）。要找出隐含在规模庞大的文献和社会语料等资料之中的马克思主义理论的概念体系和表述体系，传统的研究方法思路是通过大量的文本阅读与研究，分析并找出其中的核心概念和表述，进而找出它们之间的关系体系。面对规模浩大的马克思主义理论文献资料，传统的研究方法必然存在难以克服的大规模人工研读困境。而通过大数据方法，则可以对巨量的马克思主义文献等话语资料进行高效的"数据化文本研读"，从而轻松地挖掘出隐含其中的话语体系。遗憾的是，国内至今少见深入运用大数据方法研究话语体系的文献。截至 2016 年年底，相关文献只找到 5 篇，佟德志运用多种大数据方法对政治话语特征进行了分析④；李金满和邱国景运用大数据方法研究中国经济学期刊发展问题时，提到

---

① Foucault M., Francois A., "General Policy Speech of Prime Ministers and Fiscal Choices in France Preach Water and Drink Wine", in Imbeau L. M., *Do They Walk Like They Talk?*, New York: Springer – Verlag, 2009.

② Wyner A., Mochales-Palauet R., Moens M. F., et al., "Approaches to Text Mining Arguments from Legal Cases", in Francesconi E., *Semantic Processing of Legal Texts*, Berlin: Springer-Verlag Berlin Heidelberg, 2010.

③ 董燕：《基于本体的中医临床术语体系构建研究》，中国中医科学院，2016 年。

④ 佟德志：《计算机辅助大数据政治话语分析》，《国家行政学院学报》2017 年第 1 期。

了中国特色经济学话语体系①；申惠文用大数据词频法研究了《民法总则（草案）》②；有媒体以大数据思维分析了官员悔过书的"话语体系"③；熊晓琼则在研究兵团话语体系时提出要注重文本挖掘④。此外，未见其他相关文献。可见，既有的文献并没有全面系统地将大数据方法应用于话语体系研究。至今为止，更未见到用大数据方法研究马克思主义理论话语体系的文献，将"大数据"与马克思主义的传播、大众化以及思想政治教育结合起来的文献虽已大量出现，但其中多数文献是在研究大数据（时代）给上述领域带来的机遇、挑战和应对，大致可以归属为大数据技术在社会实践中的应用问题，而非大数据方法在理论研究中的应用问题。

至此为止，人们可以发现一个有意思的现象：一方面话语体系和大数据研究分别是当前学术研究领域的两大热点，另一方面大数据方法非常适宜话语体系的研究，但将两者结合起来展开深入研究的文献却非常少见。出现这一问题的根本原因在于上述两类研究间的主体和目标错位。截至 2017 年 2 月，CNKI 数据库提供的"大数据"主题文献中前10 位学科分别是：计算机软件及计算机应用、信息经济与邮政经济、工业经济、贸易经济、企业经济、金融、新闻与传播、宏观经济管理与可持续发展、电信技术和自动化技术。可以看出，大数据研究主要集中于计算机技术科学领域和应用经济领域。而截至 2017 年 2 月 CNKI 数据库中"话语体系"主题文献前 10 名的学科分别是：中国政治与国际政治、新闻传播、高等教育、中国文学、中国共产党、社会科学理论与方法、思想政治教育、文化、马克思主义和哲学。可以看出，话语体系的研究主要分布在政治、教育、新闻传播、文学、马克思主义等社会科学领域。进一步具体分析两大主题各自文献的具体内容，可以发现：大

① 李金满、邱国景：《〈财经研究〉六十年大数据分析：中国经济学期刊发展的特点与趋势》，《财经研究》2016 年第 10 期。
② 申惠文：《论中国民法典编纂的汉语思维》，《湖北社会科学》2017 年第 1 期。
③ 《用大数据分析官员悔过书》，《领导之友》2015 年第 2 期。
④ 熊晓琼：《兵团话语体系及其构建》，《石河子大学学报》（哲学社会科学版）2014 年第 6 期。

数据主题文献主要关注的是相关的技术问题和在经济、管理领域的应用问题，而话语体系主题文献主要关注的是与马克思主义理论相关的话语权和意识形态的建设问题。

上述分析表明，大数据和话语体系的研究主体和目标存在比较大的差异，已有文献的交叉性不大，更深层次的原因在于：一方面话语体系的多数研究者至今不掌握或没有较好地掌握大数据方法；另一方面大数据的多数研究者并不感兴趣话语体系的研究，两者之间存在明显的错位。这就导致了话语体系的研究至今没有很好地将大数据方法引入进来。解决这一问题的动力应该主要地从话语体系的研究者中得到，因为，离开话语体系的研究，大数据研究仍然拥有广泛的经济、社会研究需求，能够取得继续发展，而话语体系研究至今没有取得令人瞩目的进展，其原因可能恰恰是其研究方法有待创新，因此话语体系研究者急需熟练学习和掌握包括大数据方法在内的各种新方法，以尝试取得新的突破。而大数据方法能够解决话语体系研究中，如文本信息搜集、关键词提取、概念关系发现与体系构建等一系列传统研究方法难以很好地应对的问题，具备促进话语体系研究取得新突破的可能性。

三 大数据方法运用于马克思主义理论话语体系研究的具体思路

将大数据方法运用于马克思主义理论话语体系研究的基本思路是：首先以既有的国内外电子文献数据库为基础，结合网络数据抓取技术和文本电子化技术，构建大规模马克思主义理论话语语料库；其次以马克思主义理论话语资料为基础，运用大数据方法，对巨量的马克思主义文献等话语资料进行"数据化文本研读"，解决传统方法难以克服的大规模人工研读困境，挖掘出隐含其中的话语体系。最终要达到的目标是：运用大数据方法挖掘出马克思主义理论话语体系的完整形态，对其时空、学科、实践等结构进行探究，展开对各种结构部分间的横向、纵向比较，发现各自生成、演化的规律，系统解答马克思主义理论话语体系"是什么""有哪些经验教训""理论建设注意什么""实践应用注意什么""有哪些政策启示"等一系列理论问题，并在结合理论体系的讨论中，深化对马克思主义理论体系的理解，加强对中国话语权的认识，为国家相关工作更好地运用马克思主义话语提出建议。其具体实现思路包括以下几点。

第一，构建尽可能全面的马克思主义理论语料库。这一语料库应主要包括：马克思主义经典著作及其工具书文库、苏联马克思主义经典著作文库、中国化马克思主义经典著作文库、"马克思主义"报刊文献（基于 CNKI 等报刊数据库）、"马克思主义"相关图书（基于"读秀"等图书数据库，含党的文件汇编等类图书）、"马克思主义"相关的社会话语文本（基于互联网抓取）。将上述资料搜集整理完成后，进一步对各种不同类型的资源分别进行电子化预处理和数据预处理，最终形成存储格式和结构统一的数据仓库。

第二，以建立的数据仓库为基础，进行基于大数据方法的文本挖掘和话语关系网络提取。根据研究需要，对现有的大数据方法进行梳理和整合，根据数据对象的状态和结构，讨论、改进和完善现有的程序算法，制定适宜话语体系研究的大数据方法建模、编程、运行、调试和结果呈现等流程方案，并在实施中不断检验、修改和完善技术和流程方案。在具体的文本挖掘数据运算中将"概念"＝"词语"，"表述"＝"主题语"。主题语是指能独立表达语义的短语和短句。通过大数据文本挖掘和本体构建方法最终得到两大成果：一是马克思主义理论话语体系的概念体系，主要包含不同类型和层级的概念词汇表，以及概念关系网；二是马克思主义理论话语体系的表述体系，主要包含不同类型和层级的主题语表，以及主题语关系网。最后，以对马克思主义理论体系的讨论为基础，校验大数据方法呈现的结果，并在校验讨论中深化对理论体系的理解。

第三，根据大数据方法输出的结果，进一步构建各种层次、各种结构的分话语体系，并对相关层次和结构的分话语体系进行各种横向、纵向比较，最终深化理论探讨。

首先，马克思、恩格斯的经典著作与苏联、中国马克思主义者的著作中的话语体系必然有差异。通过大数据方法，分别构建上述三者的话语体系，然后相互比较并构建关系网，发现马克思主义理论话语体系时空演化的基本特征和规律；用同样的方法，对上述三个体系各自历史分期的话语体系进行构建，然后对各个时期的话语体系进行比较分析。以对分时空的相关理论的讨论为基础，校验大数据方法呈现的相应结果，在相互比较、相互校验讨论中深化对相关理论的理解，并得出一些有关马克思主义中国化理论建设和话语体系建设的经验教训。

其次，以马克思主义理论学科十多年来的文献成果为基础，结合整个语料库，通过自动分类、聚类等大数据方法，分别构建六个二级学科的话语体系，相互比较并构建关系网，发现马克思主义理论话语体系的学科特性和规律。用类似的方法，尝试对六个二级学科的话语体系进行学科设立前后等分期研究。以对各学科理论体系的讨论为基础，校验各学科话语体系及其分期话语体系呈现的结果，在相互校验讨论中深化对相关理论的理解，尝试得出对各学科开展理论建设的启示。

再次，以党的会议文件等文献资料和互联网抓取的文本数据为基础，通过大数据方法，分别构建马克思主义的政治实践、社会生活和对外宣传话语体系，并与理论话语体系相互比较并构建关系网，发现马克思主义理论话语体系在社会实践中的特点和规律。用类似方法，尝试对上述三类话语体系进行分期研究，对社会生活话语体系进行分人群、分地域等细致性研究。然后以对马克思主义政治理论和大众化、国际化理论的讨论为基础，校验三大实践话语体系及其分期话语体系呈现的结果，在相互校验讨论中深化对相关理论的理解，尝试得出对马克思主义理论话语体系实践应用的启示。

第四，根据话语体系挖掘、分析研究的结论，结合当代中国的内外境遇，提出对国家相关工作的策略建议。主要讨论中国话语权的理论与实践困境及突破方案，提出国家在意识形态建设、软实力建设、国家形象传播、国际话语权争夺等工作中，针对具体的情形，更好地运用马克思主义理论"遣词用语"的策略。

总之，运用大数据方法可以克服对规模浩大的马克思主义理论话语资料的概念和表述体系的提取困境，高效地完成马克思主义理论话语体系的构建，还可以便捷地挖掘出其中包含的各构成部分的分话语体系，进而可以横向、纵向比较这些分话语体系，从而得出马克思主义理论话语体系生成、演化的基本规律，然后可以根据这些规律更好地制定当代中国的马克思主义理论话语策略。

四 大数据运用于马克思主义理论话语体系研究的具体方法

用于话语体系研究的大数据方法是一系列具体技术方法的统称，主要包括文本挖掘、本体构建两大类。文本挖掘的技术方法具体包括：分词取词（建词汇表）、词频统计、共词分析、引文分析、自动分类、自动聚类、语义标注、主题识别、关系抽取、语义网构建、主题演化分析等。而大数据下的本体构建主要是对文本挖掘技术的一种集成实现，在概念分析和关系构建上拥有分散的文本挖掘技术所没有的集成优势。此外，还会用到可视化技术，它能够把大数据方法输出的复杂结果，以便于理解的形式呈现出来。这些具体方法在话语体系研究中的具体功能应用及实现步骤如下所示。

（1）概念体系构建：用"分词取词"处理海量文本，提取"词汇表"，用"词频统计"找出核心概念及分层概念，用"自动类""自动聚类"完成概念分类，用"共词分析""语义标注""关系提取""语义网"建立概念关系网。然后，用"本体构建"完成概念类型、层级和关系的最终刻画。概念类型、层级和关系网的综合呈现，即是概念体系。

（2）表述体系构建：表述体系主要是体现为短语短句体系，在数据运算中"短语短句" = "主题语"，用"引文分析""自动分类""自动聚类""主题识别"提取核心主题语及各层级主题语，用"主题标注""关系提取"建立主题语关系网。主题语类型、层级和关系网的综合呈现，即是表述体系。

（3）分时空话语体系构建：将总语料库按时空结构"分仓库"存储数据，然后对各"分仓库"分别实施前两步的方法即可实现。

（4）分学科话语体系构建：设定算法条件后，通过"自动分类""自动聚类"，分拣各二级学科的文本数据，再分别存储建立"分仓库"，对各"分仓库"实施第一二步方法即可实现。

（5）实践结构话语体系构建：设定算法条件后，通过"自动分类""自动聚类"，分拣面向实践的、面向社会生活和对外宣传的文本数据，再建立"分仓库"，然后分别实施第一二步方法即可实现。

（6）各种历史分期话语体系的构建：设定时间识别条件，通过"自动分类""自动聚类"，分拣各历史时期的文本数据，建立"分仓库"，然后分别实施第一、第二步方法即可实现。

（7）横向、纵向比较研究的实现：上述话语体系呈现的结果在形式和结构上都是一致的，根据不同需要展开比较，找出异同点，即可发现规律。

五　结语及展望

马克思主义理论话语体系乃至其他方面的研究之所以缺乏对大数据等现代化研究方法的引入，主要原因在于，到目前为止，马克思主义理论研究者对这些方法了解不够、掌握不足。要克服这一困局，一方面应该鼓励马克思主义理论研究者加强现代化方法的学习和训练，另一方面应该在政策上采取，如扶持设立不同层次、不同方法类型的马克思主义理论现代化研究实验室等措施，推进马克思主义理论对现代化研究方法的合理引入。

"回到马克思"，加强文本研读，是当代马克思主义研究者的必修课。大数据的文本挖掘和本体构建就相当于计算机对马克思主义理论整体的"数据化文本研读"和"数据化语义提炼"，能够为当代马克思主义者的文本研读提供一种高效的辅助方法和技术手段，能够克服传统研究方法难以逾越的困境，拥有传统研究方法难以企及的优势。以话语体系的研究为例，运用大数据方法挖掘出的马克思主义理论话语体系，就好比全面而精准的马克思主义理论"大海"的航海图，研究者可以据此更好地畅游，达到彼岸，而不迷航。这是传统的马克思主义理论研究方法很难实现的目标。

恰当的量化实证研究有助于深化理论规范研究，当代的量化研究技术已经取得巨大发展，马克思主义理论研究值得加强引入。

基于大数据构建企业党建与生产经营融合评价体系[*]

王建红　祁斌斌

2019 年 10 月党的十九届四中全会通过的《中共中央关于坚持和完善中国特色社会主义制度、推进国家治理体系和治理能力现代化若干重大问题的决定》指出："坚持党对国有企业的领导是重大政治原则，必须一以贯之。""坚持党的领导、加强党的建设，是国有企业的'根'和'魂'，是国有企业的独特优势。"2019 年 12 月中共中央发布《中国共产党国有企业基层组织工作条例（试行）》，其中规定，国有企业党组织工作应当遵循的重要原则之一是"坚持党建工作与生产经营深度融合，以企业改革发展成果检验党组织工作成效"。如何将党建与生产经营融合？融合的因素有哪些？如何正确有效地运用这些因素？这就需要我们通过科学的方法制定出一套合理的党建与生产经营融合评价体系。

一　当前我国国有企业党建与生产经营融合的现状

（一）当前国有企业党建与生产经营融合的主要表现

1. 表面融合，党建作用难以充分发挥

相比党的十八大以前国有企业党建松散、生产经营与党建"各说其词、各唱各调"的状况，党的十八大以后，国有企业党建工作取得了

---

* 原文刊发于《党的建设》2020 年第 2—3 期。

不少进步，在重视程度、思想认识、学习教育等各方面都有提升。但不可否认的是，现阶段部分企业仍然存在着传统思维定式，认为生产经营与党建没有关系、党建不会为企业创造价值等。有的企业看似将两者进行了融合，但却停留在表面融合，党建在企业的生产经营中理应发挥的各方面作用仍然没有得到充分的发挥，国有企业党建的重视、落实程度依然有待加强。

2. 浅层融合，党的领导难以真正落实

在市场经济条件下，企业追求经济利益无可厚非，但是对于国有企业而言，尤其需要高度重视党建工作。国有企业党的建设工作存在的必要性是不言而喻的，不能将党的建设与生产经营当作两个完全割裂开的工作来抓。目前，基层党建与生产经营还存在一定程度的"两张皮"现象，企业党建的优势得不到充分发挥，致使生产经营得不到有力支撑，最后会影响国有企业的长期发展。

3. 融合不够，传统思维难以彻底改变

现阶段，国有企业逐步规范设立了基层党支部，选举了支部书记、副书记以及设立了支委会，开始重视党建与生产经营的融合发展。但是在企业考核中往往发现，能有效融合党建与生产经营工作的基层党组织数量非常少，即使在党建工作表现突出的企业里也是如此。其主要原因在于：一方面，生产管理人员转岗到支部书记或者副书记岗位，对于党建工作了解不深入、不全面，单纯的抓生产经营而忽略了党建工作；另一方面，专职党组织书记缺乏生产经营管理能力，抓党建工作不能与生产经营工作很好结合，党建工作的成效认可度不高。如何让企业中的基层党建与生产经营相融合、使之促进企业生产发展成为当下需要考虑的重要问题。目前，国有企业中还存在"去党建""企业党建无用论"等传统观念。

（二）当前国有企业促进党建与生产经营融合的主要做法

1. 从党建工作改善的路径促进融合

随着国有企业党建工作越来越受到重视，一些企业认识到将党建与生产经营融合的必要性，开始尝试着对两者进行融合建设。一些企业把组织建设融合、抓好班子带动、人才培养、坚持问题导向等作为探索党建与生产经营相融合的路径方法，寻求两者融合的突破口。以"三会一课"制度和公司党务例行会议为契机，开展专题研讨会，通过一对一谈心谈话、设置意见箱等渠道搜集意见建议；对发现、了解的问题进行梳理分类，明确问题与问题认领人、设定整改措施和期限，并安排到党建工作计划中去；按期核查整改落实与工作推进情况，报上级组织进行审批并公示，层层把关，提升党建工作的质量。

2. 从生产经营管理改进的路径促进融合

一些企业会有针对性地开展理论学习与业务技能培训，为党建与生产经营融合奠定基础。探索党建工作的新方法新路径，将促进企业生产经营目标实现纳入党建工作绩效管理范围，进一步促进企业党建工作和企业生产经营中心工作的有机结合。围绕企业生产经营工作，制定工作落实指标，明确工作内容和评分标准，引导基层党组织开展工作；打造党建工作平台，推进党建与生产经营深度融合；抓生产经营主体的党建责任等，从各方面进行多种尝试。

上述诸多促进党建与生产经营融合的措施方法在一定程度上改善了国有企业党建工作的现状，但依然存在着"重形式不重实效""重过程不重结果"的问题，并没有从根本上解决"两张皮"问题。

二 以评价促进党建与生产经营融合的必要性及不足

（一）以评价促进党建与生产经营融合的必要性

考核评价是工作的指挥棒，党建与生产经营的真正融合需要通过对相关工作进行考核评价来促进。目前已有不少企业建立了党建与生产经营融合评价体系或党建评价体系，希望"以评价促融合"，以此促进企业党建与生产经营相融合，以党建工作推动企业生产力的发展，实现企业资产的保值增值。评价工作在管理中的重要地位决定了要解决好企业党建与生产经营的深层次融合，必须从评价工作入手。

（二）当前以评价促进党建与生产经营融合的理论和实践探索

1. 理论探索

有学者提出从纵向维度、横向维度、时间维度、空间维度构建"四维考核评价体系",搭建空间模型,从过程控制和结果导向两个关键方面去考核评价基层党组织工作实效。纵向维度旨在通过建立层级管理体制,形成"总部党委—二级党委—党支部—党小组"的体系,上一级对低一级的部门作出评价,辅之以调研的方式发现问题、解决问题。主要评估党的政治建设、党对企业的领导、党风党纪等是否执行有力、不打折扣、层层落实。横向维度旨在把企业党建考核和对领导班子、经营业绩的考核结合起来,把制度完善、效益产生、完成标准等的量作为考核关键内容。时间维度旨在着眼当前社会发展矛盾,对党组织把握企业发展方向准确与否、创新精神强不强、党组织战斗堡垒作用和党员先锋模范作用发挥到不到位进行评估。空间维度旨在把党建任务分解到不同部门,使其可操作、可量化,形成各层级有标准、各方面有规范,多角度多方位的空间评价体系。

2. 实践探索

当前一些国有企业也在实践中开始尝试建立党建工作评价体系。一些企业建立了任务类、基础类、激励类、约束类四类一级指标,再在此基础上,逐级细分,形成三级具体测评指标,利用区间排名法、扣分法提升考评方式和考评结果的科学性、合理性。将企业综合绩效考评结果权重设定为100%,其中:将党建考评结果和经营考评结果的权重设立为80%,考评党建工作的实际效果;将企业党组评价结果权重设立为20%,以突出企业党组抓总的作用。针对党建工作定性多定量难的特点,将党建考评结果得分、经营考评结果得分,先分别转换成排名系数,再计算应用。

也有企业以"党建体系研究"和"当前形式任务要求"为原则,分别确立党建工作目标、明确考核主体和考核对象,从支部班子、党员管理、组织生活、制度落实、作用发挥五个方面进行定性和定量考核,具体的考核评价方法为查阅资料、听取汇报、召开座谈会以及采取"工作考核+员工评价+述职评价"、调查问卷等多种渠道听取各方意见,一年一考,考核5大类23项内容。每次考核与任职、薪酬、评优相挂钩,形成压力机制、动力机制。

（三）当前以评价促进党建与生产经营融合探索的不足

上述理论研究和实践探索对于当前促进国有企业党建和生产经营的融合都很有启发意义，但是也可以看出，理论研究和实践探索中的评价体系仍然存在以下问题。

1. 当前的大多数考核评价体系仍然只是重点围绕党建工作进行，并没有紧紧围绕评价的核心目的——"促融合"来构建

部分学者和企业虽然注意到了这一点，但从他们的公开设计来看，也没有很好地突显"促融合"的核心地位。促融合，不应是简单地把业绩指标加到党建考核当中，也不是简单地综合考虑两类工作指标、加以整合，而应该是找准那些党建工作与企业的生产经营效益紧密相关的"点"，研究这些工作如何改进才能够提升企业相关工作的绩效，从而设计导向性指标，引导企业的相关人员通过改进或加强相关党建工作，提升企业生产经营绩效。

2. 当前的考核评价办法设计的科学性有待进一步提升

考核评价要真正发挥作用，必然要求评价方法的科学性，只有体现科学性，评价方法才有存在的意义与价值。而在企业实际的考核评价方法设置过程中，方法的设计原理、运行程序实质大同小异，一般都采取设置评价指标、统计调查、量化打分的方式进行综合评价。这样的评价指标体系设计在操作运行上看似都可以实现评价目标，但是仍然存在着诸多难以解决的问题，如实地调查的内容如何确定，有什么样的依据支撑去做这方面的调查，如何做有针对性的调查，数据采集和分析是否全面，评价权重的客观公正性如何把握，量化打分的标准是什么等。采用传统的非大数据方法，上述问题很难得到科学解决。

3. 当前考核评价办法的指标选取合理性有待改进

不论是党建与生产经营融合评价体系构建因素还是单纯的党建评价体系构建因素，必然要求构建过程所选取的指标科学合理，能够真实有效地反映与生产经营相关的党建工作取得的成绩、存在的问题，各个指标相互衔接又不重复，保证获取的数据有效，真实地从中发现问题、寻找不足、及时改进。但在企业实际的考核工作中，重复考核、整体考核与职能部门考核重复交叉、日常考核与专项考核并存的现象并不鲜见，这就给党建主管部门造成了不小的压力，疲于应付各种考核机制，很难集中精力干好一些党务工作，难以形成科学有效的考核评价体系。

导致当前国有企业党建与生产经营融合的评价体系存在上述问题的根本原因在于，需要融合的两者本身就是异常庞杂的事务体系，单纯对两者的考评已经很难，将两者结合起来的考评更难，再将目标定位于促进两者融合的考评体系构建自然是难上加难。由于国有企业党建和生产经营活动本身就很复杂，用传统的方法很难发现和找准能够促进两者融合的指标，找不到两者融合的要素和如何融合的机制就不能建立切实可行的党建评价体系，这就要求我们尝试运用新的方式方法去解决问题。随着大数据技术的发展，人们已经发现，大数据技术和方法是应对复杂事物相对比较有效的一种新方法，将大数据运用到企业党建与生产融合的考核评价之中可以较好地解决当前存在的一些问题。

三　基于大数据构建党建与生产经营融合评价体系

（一）基本思路

信息化和大数据时代下，任何事物都可以在一定程度上进行数据刻画，大数据也为企业管理、商业贸易、政府服务等领域提供了一种全新的技术方法。"大数据不仅是一种海量的数据状态、一系列先进的信息技术，更是一套科学认识世界、改造世界的观念与方法。"发挥大数据优势，将为构建党建与生产经营融合评价体系提供一种全新的思路，推动各方面工作从书面化向信息化过渡，提升工作效率。大数据技术，不但能够全面、精准、高效地实现信息的获取与分析，还能帮助准确掌握构建党建与生产经营融合的关键因素和基本规律，必然有助于两者融合评价体系的构建。

从当前国有企业的党建工作看，无论是党员的基本情况、信息的上传下达、各种通知的发放、"三会一课"、交流学习情况、网站留言、党建问题热点讨论等，大多都已经采取信息化的形式，都已经能够形成海量的信息数据，完全可以从这些海量的信息数据中发现党建工作的一些基本规律，找出党建与生产经营融合的关键要素，从而找到促进党建与生产经营融合评价体系的构建方法。这些工作的完成需要处理规模海量、种类繁多的数据，大数据分析技术将使得这些数据的获取、分类、分析变得简单易行。而这些工作用普通的方法是很难实现的，只有借助大数据的方法才能对这些海量数据进行进一步的分析处理。

构建党建与生产经营融合评价体系的大数据方法基本思路是：收集数据，用自查或其他普通方法对企业内的党建基本情况进行初步的掌握；根据大数据分析的需要，设计问卷再次收集数据；利用 LDA 模型等方法将文本数据按照一定标准进行分类，对汇总后的全部数据进行 Gephi 等大数据方法分析和关系网络建立，在此基础上，对党建与生产经营相关的要素进行提取。

（二）具体实践操作方法

1. 基本信息收集

信息的采集与回收是任何一项调查所必需的步骤。在利用大数据建立党建与生产经营融合评价体系之前，需要收集企业现有的各种党员、党建基本信息。可以利用大数据技术，实现信息采集、整理、存储与分析，也可以根据实际情况进行一般性的调查了解。企业中有多少党员，年龄、性别分布状况，入党的年份，所在部门、车间的党员数量是多少，支部活动如何开展、多长时间召开一次支部会议、支部建设过程中还存在哪些问题、支部在平时的生产过程中发挥作用的大小、支部会议记录体现了对哪些方面的关注度等，都是需要收集的信息。

2. 设计特殊问卷收集数据

现有的党建信息的采集对于融合评价体系的构建是不够的，还需要设计特殊问卷加大信息采集的深度，在企业全员范围内，对党员和群众进行简单易行的数据调查，进一步收集党建与生产经营融合的相关数据。企业职工对企业的党建活动如何看待，职工参与党建活动的积极性怎么样，职工是否认同党建活动可以推动企业生产经营，开展什么样的支部活动、建设什么样的支部能够增强企业职工的工作积极性，这些问题需要进一步的了解。

3. 利用大数据模型开展信息文本聚类与关系网络分析

对以上调查收集的各种数据进行全面的大数据分析挖掘以及对数据

进行数据化研读和关系语义提取，建立关系网络，发现其中的融合规律，确定出党建工作中与生产经营联系最为密切的因素。数据化研读和关系语义提取需要借助 LDA 模型实现，它可以用来识别大规模文档集，将文本信息转化为易于建模的数字信息和有属性相关性的文本聚类。Gephi 软件可用作探索性数据分析、链接分析、社交网络分析、生物网络分析等，在 LDA 模型产生数据与文本的基础上利用 Gephi 建立关系网络图，发现各个因素之间的相互联系及紧密程度。

4. 建立融合评价体系

通过 Gephi 网络关系图呈现各个因素之间的联系紧密程度，从中可以发现对党建与生产经营有共同作用的因素，由这些共同因素建立融合评价体系，最终促进党建与生产经营融合发展。

大数据技术应用是当今时代发展的必然趋势，以大数据技术为基础构建党建与生产经营融合评价体系，有助于找准两者融合的关键要素，发现促进两者有效融合的规律，将全面推进国有企业党建的思维、模式、技术创新，极大地提高党建工作的实效性，实现党建工作的精细化管理，切实提升国有企业党建工作水平。当然，从实践来看，这一方法是一个大数据技术、党建理论和工作实践相结合的系统性工程，还有待进一步的深入探究。

善用大数据技术促高等教育治理现代化[*]

王建红

新冠肺炎疫情发生后，在疫情处置上，有关部门根据疫情数据，调用医疗物资、应急生产转产、分批驰援、及时救治，实现应急动态调度。在疫情防控上，一些疫情 APP 纷纷开发使用，一些地方实施智慧防疫，管理部门借助大数据及时锁定传染源、追踪接触人群。在宣传引导上，各种基于大数据的疫情研究报告频频发布，辟谣平台让谣言无所遁形。在复工复产上，很多地方推出复工指数，整合现有数据，为复工复产企业提供优质服务。大数据全流程用于疫情防控的经验值得大力总结，这为中国治理体系和治理能力现代化建设提供了现实依据。

据中国互联网络信息中心统计，截至 2019 年 6 月，我国在线政务服务用户规模达 5.09 亿，占整体网民的 59.6%；在线教育用户规模达 2.32 亿，占整体网民的 27.2%。加快推进国家治理体系和治理能力现代化必须把教育治理现代化作为重要先手棋，放在优先位置。高等教育是教育事业的龙头，更应该走在前列。

一 善用大数据技术，推进高等教育决策科学化

调查研究是决策科学化的基础，充分、及时、准确的信息是科学决策的前提。利用好大数据技术，能较好地改变传统决策较难克服的信息不全、依据不准的顽疾，减少"拍脑袋""拍胸脯"现象的发生。比

* 原文刊发于《中国教育报》2020 年 4 月 18 日第 3 版。

如，美国全国教育进展测评项目对全国中小学的阅读、数学、写作、科学、历史、地理、公民教育等学科，以及家庭、社区和学校对学生成绩影响等非智力因素进行了全面测评，根据近 50 年的数据积累，不但能准确看到美国基础教育的整体状况，不同群体的成绩和群体之间的成绩差距，以及学生成绩的发展过程和变化趋势，还能帮助中小学校长利用这个测评工具进行自身决策科学性和有效性的监控与评估。

当前，各大高校的智慧校园、数字校园建设已经具有了一定基础，教育主客体在教学过程中的行为、情态已经可以进行数据刻画。利用大数据模型，在输入决策变量后，还可以提前"预演""兵棋推演"，对比不同方案优劣，使决策方案"场景化、模拟化"等。比如，2020 年全国硕士研究生招生规模，较上年同比增加18.9万人，计划精准投放，侧重增加一些重点领域，特别是公共卫生领域研究生名额。这些研究生名额到底该如何分配，不同领域名额增加之后，未来持续影响如何，是恰好匹配未来岗位需求，还是会带来某些领域毕业生过剩，事先可以应用大数据模型模拟预测。如此大数据决策，自然能够达到科学决策的程序性、创造性、择优性、指导性要求，真正实现科学化。

二　善用大数据技术，推进高等教育育人精细化

"立德树人、培养合格的社会主义建设者和接班人"是高等教育的首要目标，也是高等教育治理现代化的终极目标。在日益复杂的社会环境下，采用传统方法，高校管理者和教师很难做到精准"识材"、动态"知材"，自然也难以做到"因材、因时"施教。而现代化高等教育治理利用大数据技术，在保护隐私前提下，依法依规挖掘学生的行为、学业大数据，完全可以赋能高校管理者和教师，精准掌握不同年级、不同专业、不同类型学生，甚至每一个学生的生活习惯、学习状态、思想动态，精准发现每一个学生的特点、特长、可提升空间、问题点和问题根源，既能帮助宏观上制定统一的有针对性的教育方案，又能助力微观上一人一策，精细管理，精准教学，精确引导，化解困境，助力出彩，切实实现"育人成才，一个都不能少"的理想目标。

利用大数据助力精准育人的成功案例已经很多，比如国内很多高校已经开始利用大数据技术精准识别家庭经济困难学生，实施人性化的"隐形资助"；有高校通过大数据分析发现，大学生的综合成绩与去过多少次教学楼、图书馆并无很大关联，而与生活是否规律高度相关，据此对学生的学习和生活进行规律性的引导。这些案例证明，利用大数据的确可以实现对学生成长过程的精确掌握，有助于教育者精细管理，精准教学，精心育人。

三　善用大数据技术，推进高等教育评价精确化

扭转不科学的教育评价导向，克服唯分数、唯升学、唯文凭、唯论文、唯帽子的顽瘴痼疾，从根本上解决教育评价指挥棒问题，是高等教育治理现代化的最关键一环，也是最难一环。教育评价，尤其是高等教育评价的痛点主要是对教学、科研的精确评价，唯论文、唯帽子是管理者避难就易的应急之策，是"没办法的办法"，单纯施压管理者并非解决问题的根本之策。

利用大数据技术，借助信息化教学、智慧教室，采集教学全过程数据，挖掘教学效果影响因子，结合不同课程的教学特点，研究并开发以学生"获得感"为导向的教学效果评价测评体系，将能较好地解决教学效果评价难的问题。利用文本挖掘技术、知识图谱分析技术、知识本体构建技术等大数据技术，分析科研成果的创新程度，再仿照豆瓣评分系统等研究建立学术论文注册专家或专业读者打分系统，结合传统的影响因子分析技术，可以开发建设一套新型的大数据科研评价系统，从而解决高等教育科研评价难题。在此基础上，可以利用高等教育大数据信息系统，分析不同学科、专业的教学、科研数据特征，整合开发适合于不同学科不同教师类型的教学科研综合评价系统，从而实现对高等教育的精确评价。

当前，我国已经有公司利用深度神经网络目标检测定位技术、深度学习和课堂行为分析、人脸模型等技术，能够实现教室场景内人员个体的动态人脸识别、表情识别，并依据教育行为分析理论，对课堂教学过

程全面采集、编码、分析，从而对课堂教学活动、教师教授状况、学生整体或个体学习状况提供多维度、客观量化分析。华中师范大学2018年荣获国家级教学成果特等奖，其核心板块之一即是基于数据面向教师、学生、课程和课堂开展多元化、过程化、发展性综合评价。

以大数据为支点释放应急管理效能[*]

王建红

　　防控疫情，不只需要"铁脚板"，还需要大数据。在此次新冠肺炎疫情的应急管理中，无论是联防联控、人员排查，还是在协调各方力量、保障重要物资调配供给方面，大数据都有亮眼表现。比如，通过对城市间交通运行系统进行数据监测，了解疫情严重地区人群流动走向，查找疫情防控脆弱点和风险点，为城市公共卫生应急响应争取了时间。

　　近日，习近平总书记在浙江考察期间来到了杭州城市大脑运营指挥中心，观看了"数字治堵""数字治城""数字治疫"等应用展示，对杭州市运用城市大脑提升交通、文旅、卫健等系统治理能力的创新成果表示肯定。实际上，运用大数据、云计算、区块链、人工智能等前沿技术推动城市管理手段、管理模式、管理理念创新，是推动城市治理体系和治理能力现代化的必由之路，更是释放城市应急管理效能的必由之路。

　　应用大数据，是把我国应急管理制度优势转化为治理效能的重要支点。2019 年 4 月，国务院安全生产委员会办公室、国家减灾委办公室、应急管理部联合印发《关于加强应急基础信息管理的通知》。通知要求，构建一体化全覆盖的全国应急管理大数据应用平台。2020 年 2 月初，《国家卫生健康委办公厅关于加强信息化支撑新型冠状病毒感染的肺炎疫情防控工作的通知》要求，利用大数据技术对疫情发展进行实时跟踪、重点筛查、有效预测，为科学防治、精准施策提供数据支撑。

---

　　* 原文刊发于《光明日报》2020 年 04 月 13 日第 16 版。

当前疫情防控未获全胜，任务依然艰巨。习近平总书记强调，要鼓励运用大数据、人工智能、云计算等数字技术，在疫情监测分析、病毒溯源、防控救治、资源调配等方面更好发挥支撑作用。对此，要充分认识当前疫情防控形势的严峻性和复杂性，运用大数据等先进技术分析重大风险和重大隐患信息变化情况，查找潜在危险源，加强预测研判，提升以数据为支撑的应急智能预测预警水平和效能；加快多来源的数据整合，研究建设一个全国统一的大数据整合平台，利用大数据技术整合各地政府部门、各种企业、各种机构的碎片化数据，打破数据的"部门墙"和"行业墙"，以确保各种政府防控指挥、管理决策基础数据的完整可靠。同时，还要加快完善防控工作机制和流程，线上线下相结合，根据分区分级和人员流动数据信息，利用大数据技术形成重点防控对象的可视化行为路线图，指导线下工作人员加大交叉点排查力度，进一步提升防控效能。

放眼长远，要加快完善重大疫情防控体制机制，健全国家公共卫生应急管理体系，针对预见不足、缺少经验等短板，加快建设"重预防、重科学、强联动"的应急管理体制，加大对疫情防控体制机制、国家公共卫生应急管理体系相关研究的支持力度；加强对历史和当前应急管理基础数据信息的搜集整理，利用大数据技术，深入研究灾害发生发展规律，构建完善灾害事故趋势分析、应急预测、动态演化模型；加快建立大数据自动预警平台，设置医疗卫生数据重要监测指标，加快建立大数据应急物资管理平台等。

大数据时代下省域现代化治理探索

——基于浙江抗击新冠肺炎疫情的经验与启示*

王建红　　冉莹雪

当前，世界发展已全面进入大数据时代，在以云计算、人工智能和区块链等新一代信息技术的支撑下，大数据成为"推进国家治理体系和治理能力现代化"的重要方式与思维路径，亦成为国家治理、智慧城市和数字政府等治理方略的利器。然而，按照空间划分以及层级归属，大数据在省域治理层面的落实和体现被学界忽视，其作为国家治理体系、治理能力的支撑枢纽与具体治理路径，值得展开深入探讨。

大数据在省域治理中的应用及其成效，在实际场景与突发情况下一直未得到充分体现。自新冠肺炎疫情暴发以来，在不同省份的抗疫过程中，大数据的参与程度和实际表现各有不同，其中浙江部署开展"数字抗疫"举措，在高效有力控制疫情蔓延并有序推进复工复产方面成效显著，其以大数据为驱动力的治理表现，为省域治理乃至国家治理提供了有益借鉴。

一　文献回顾

（一）国家治理建设研究

学界对于国家治理体系与治理能力现代化建设的研究已较为充分，自大数据战略实施以来，将大数据融入国家治理全过程的研究逐渐增

---

* 原文刊发《浙江树人大学学报》2020 年第 4 期。

多。学者们基于大数据时代背景下的国家治理建设与转型①、变革与创新②、评析与反思③等开展研究，从大数据应用于国家治理中的价值、机制、问题与策略等方面展开论证。

具体来讲，大数据背景下的国家治理建设研究可分为以下四个方面。第一，就治理范式而言，大数据在助推地方政府管理与城市治理层面的研究较为丰富，以社会治理为基点，对治理现代化体系④、治理模式变革⑤、政府功能优化⑥以及治理理念革新转变⑦等方面的论述较为充足，但省域范式下的治理现代化研究较为缺乏，尤其是在省域层面展开更具有影响力与概括性的治理经验研究。第二，就治理范畴而言，基于大数据视域的公共政策⑧、应急管理⑨和政府决策⑩等方面的研究较多，而对于其内在机理、外在环境的综合性探讨相对不足。第三，就治理领域而言，大数据已充分融入医疗卫生⑪、国家财政⑫以及公共安全⑬等领

① 王钰鑫：《大数据：国家治理的转型发展与因应》，《桂林航天工业学院学报》2017年第3期。

② 董宏伟、顾佳晨、王萱：《大数据时代背景下国家治理的变革与创新》，《现代商业》2015年第15期。

③ 冯锋：《大数据时代的国家治理：评析与反思》，《东岳论丛》2019年第10期。

④ 张明斗、刘奕：《基于大数据治理的城市治理现代化体系研究》，《电子政务》2020年第3期。

⑤ 李美桂：《大数据背景下国家治理模式变革——基于大数据对新型冠状病毒肺炎疫情防控的分析研究》，《今日科苑》2020年第2期。

⑥ 郭晓燕：《大数据服务于地方政府治理的功能优化研究》，《智库时代》2020年第13期。

⑦ 季乃礼、兰金奕：《大数据思维下政府治理理念转变的机遇、风险及应对》，《山东科技大学学报》（社会科学版）2020年第2期。

⑧ 黄璜、黄竹修：《大数据与公共政策研究：概念、关系与视角》，《中国行政管理》2015年第10期。

⑨ 李琦：《大数据视域下的应急管理思维转变》，《学习与探索》2018年第2期。

⑩ 周光华等：《医疗卫生领域大数据应用探讨》，《中国卫生信息管理杂志》2013年第4期。

⑪ 梁志峰、左宏、彭鹏程：《基于大数据的政府决策机制变革：国家治理科学化的一个路径选择》，《湖南社会科学》2017年第3期。

⑫ 陈少强、向燕晶：《运用财政大数据提升国家治理能力》，《财政科学》2019年第7期。

⑬ 赵发珍、王超、曲宗希：《大数据驱动的城市公共安全治理模式研究——一个整合性分析框架》，《情报杂志》2020年第6期。

域，具备鲜明的领域特色与实际意义，但在国家宏观视角以及众多领域维度上，存在行业壁垒，且缺乏能够广泛应用于各省市、全领域的现代化治理经验。第四，就治理范围而言，国内关于政府治理的研究多以市域为单位展开，如对北京①、秦皇岛②等具体市域的实践研究，以及多市域间的横向比较研究③，具有借鉴意义的国外研究也多源自基于市域的具体讨论，如纽约④、新加坡⑤等，均未能站在不同省域间各自建设基础与发展现状的角度挖掘共有特性，缺乏以省域范围为框架基础的现代化治理研究。

近年来，在国家大力加快推进数据中心、人工智能等新型基础设施建设进度的背景下，地方政府积极响应、重点投资，而省域治理体系与治理能力现代化建设作为"新基建"的布局目标与方向指引的应然建构常被忽视，因此，加强省域层面的现代化治理研究至关重要。

（二）疫情背景下大数据应用研究

在国外疫情尚未得到有效遏制的形势下，大数据在国家应急事件治理中的应用基础与建设模式有待进一步探讨。通过网络检索发现，在疫情背景下大数据应用于省域治理的相关研究大多停留于记者报道、人物访谈等形式，且谈及国家治理的维度较为宏观与空泛，疫情暴发所折射的省域治理经验与启示还较为缺乏。同时，浙江省关于大数据融入省域治理的"数字浙江"建设研究虽意义可观，但其结合疫情形势的研究整理还需深入挖掘，可为省域层面的现代化治理提供经验借鉴与实践启示。

总体而言，在国家治理的实际场景与突发情况下，大数据研究还有

---

① 宋刚、刘志、黄玉冰：《以大数据建设引领综合执法改革，创新橄榄型城市治理模式，形成市域社会治理现代化的"北京实践"》，《办公自动化》2020年第5期。
② 蒲凌、王欣雨：《大数据下秦皇岛城市治理能力提升对策》，《合作经济与科技》2020年第4期。
③ 尧淦、夏志杰：《政府大数据治理体系下的实践研究——基于上海/北京/深圳的比较分析》，《情报资料工作》2020年第1期。
④ 矶之：《大数据下的纽约城市治理》，《群众》2018年第20期。
⑤ 陈志成、王锐：《大数据提升城市治理能力的国际经验及其启示》，《电子政务》2017年第6期。

待补充，尤其是在省域治理层面上，新范式、全领域和大范围的个性研究与共性总结值得深入展开。本研究将总结浙江在抗击新冠肺炎疫情以来的举措和部署，深入挖掘大数据在该省现代化治理中的建设基础与积极成效，通过总结其成功经验与发展机理，为大数据化的省域治理提供参考。

二 大数据在浙江"数字抗疫"中的治理表现

应对新冠肺炎疫情，浙江先发制人、精准施策，严格贯彻落实习近平总书记关于"鼓励运用大数据、人工智能、云计算等数字技术，在疫情监测分析、病毒溯源、防控救治、资源调配等方面更好发挥支撑作用"的重要指示精神，高效部署"数字抗疫"举措，各有关部门在抗疫工作中凭借浙江省域特色优势，在疫情发展的不同阶段，依托大数据精准引入数字化防治措施，取得了显著的抗疫治理成效。

（一）信息化防疫平台释放治理潜能

疫情暴发之初，浙江依托政务服务基础，迅速组建跨平台、跨领域和跨数据库的疫情防控大数据平台。一是数据收集效能提升。省政府及相关部门通过与本土科技企业合作，在原有政务服务平台的基础上搭建联防联控平台、增设防疫版块，通过后台数据的汇集处理与上报，为省级决策部署提供数据化信息。二是动态数据公开及时。多家科技公司在新一代信息技术手段的加持下，构筑"实时肺炎疫情信息平台"，对省域内疫情实时动态信息即时采集、有序接入；首创区域疫情风险动态"五色图"，分级分区精细化掌控动态数据；有效掌握资源捐助动态，有关科技企业利用区块链等技术，合力打造慈善捐赠溯源平台，为防控救治的资源调配与慈善捐助提供全流程可视化信息服务。三是打破数据交互壁垒。浙江省不同市域区划基于各自数据化建设基础有效实现数据共享：杭州市在"城市大脑"数据库建设的基础上构建疫情防控大数据系统，打通平台间数据传递与共享壁垒；义乌市建立"一网通服"机制，加快数据的交互处理转化；衢州市在"城市数据大脑"项目中增设网格化防控功能，推进网格数据的汇聚与管理。四是功能性平台服务支撑。大数据、人工智能等关键技术在医学方面发挥重要作用，"在线义诊""疫情应急多学科联合会诊"等功能性平台，为有效调度医疗资源、缓解抗疫一线压力提供有力支撑；省内科技企业凭借独有优势，推出"疫情服务""疫情防控"等主题版块，释放大数据在平台应用中的治理潜能。

（二）"大数据＋网格化"模式构建治理机制

在抗疫过程中，浙江有效发挥城乡社区的支撑作用，实施"大数据＋网格化"的精准智控模式，建立起以网格数据为支撑的排查机制，采集的数据由"基层末梢"传递至"中枢系统"，构建智能、精准和协同的跨区域治理网络体系。同时，在固有的基层治理平台基础上，增设疫情防控类事项上报流转处置功能，创新搭建"疫情防控数字驾驶舱"。在此模式下，网格员采用"摸排—录入—上报"的规范化查巡流程，形成"由面到点"的精准监测预警模式以及紧盯态势全貌的落地督查机制，着力构建疫情下省域治理现代化的框架基础与落实机制。

（三）大数据研判提升治理效能

当前，国内的疫情治理进入复工复产与严防境外输入新阶段。一方面，大数据助力精准研判复工复产。杭州市的"企业复工申报平台"、湖州市的企业开复工"白名单"制度、宁波市的数字化防疫平台等举措深化"最多跑一次"改革与后台系统数据支撑，助力精准科学的复工复产；在算法模型以及海量数据的基础上，构筑多领域、全覆盖的复工复产检测体系，"个人健康码""企业复工电力指数"和"复工率五色图"等数据研判手段，对于有效指导与支撑政府、企业、社会组织等多元主体作出治理决策与复工部署，具有积极意义。另一方面，大数据打出组合拳，严防境外输入。浙江省完善精密智控机制，形成了以"一库一码一平台一指数"为核心的防境外输入精密智控体系，发挥数字化转型先发优势，实现精准施策、分类管控。大数据助力疫情研判，在防疫治理中发挥统筹牵引作用，基于大数据基础以及大数据技术的科学研判，对于治理效能的提升具有重要意义。

三 浙江"数字抗疫"治理的经验

浙江的抗疫成效折射出省域现代化治理基于"数字浙江"建设的顶层设计与成功实践，依靠以数字制度建设为主的"数据强省"和以数字基础设施建设为主的"云上浙江"两大支撑，"一软一硬"辅之以数字科技创新，在"数字浙江"建设大环境的总引领下，运用大数据掌握主动权，以此构成"数字抗疫"治理下的经验逻辑。

（一）"一软"构筑现代化治理格局

1."数字浙江"推动"智慧"发展

"数字浙江""智慧城市"已成为浙江治理建设的代名词，在探索与实践中融入大数据元素，构筑与重塑省域现代化治理的范式与格局，通过软基础打牢治理根基。第一，提前部署，撬动治理转型。浙江是"数字中国"战略的最早实践地，其在21世纪初开始部署"数字浙江"战略，通过规划纲要、战略部署等推动电子政务发展。"四张清单一张网""最多跑一次"等政务改革，成为省域治理转型的关键，最大限度地适应生产力发展，省域现代化治理中顺应新一代信息技术变革，以"数"引擎推动发展。第二，智慧先行，提供治理样板。在数字化建设的省域战略与顶层设计的引领下，浙江省较早开始探索和推进"智慧城市"试点建设。在响应国家政策与积极推进建设的基础上，试点先行，统筹谋划，运用新一代信息技术对城市建设进行重塑与再造。大数据等信息化技术在复杂的巨系统中帮辅实现各子系统间的关联设计，打造自下而上的功能设计和自上而下的信息化设计。第三，顶层设计，夯实治理基础。无论是"数字浙江"还是"智慧城市"，在数字技术与数字治理的背后，是浙江高水平推进省域建设的治理体现。浙江省以国家统一部署、顶层设计、战略布局为着力点和突破口，扎实推进与落实基于提前部署、先行布局的顶层设计，为推进省域治理现代化奠定坚实基础。

2."政府转型"推进现代化治理变革

政府转型为数据治理提供应用场域和实践空间。在政府治理模式、服务形式和管理方式上，浙江积极融入大数据元素，对省域现代化治理产生深远影响。第一，深刻把握省域制度体系。浙江省利用制度占领社会治理与发展的高地，从"数据强省"的制度基础上整体布局，充分把握与贯彻落实省域特有制度，部署"数字政府""八八战略"等，将制度优势转化为治理效能。此外，采取"三步走"战略，全方位推进党的领导制度体系、现代法治体系、高质量发展制度体系、社会治理体系、基层治理体系和治理能力保障体系六大体系建设，以省域特色的现代化制度体系引领治理布局。第二，深入推进政府特色转型。浙江省以政务服务为牵引，实现由"电子政务"向"四张清单一张网""最多跑一次"改革和"云上浙江"的省域政府特色转型；以政府全领域服务平台"浙江政务服务网"，彰显"政务平台统筹划一、后台底层数据支撑"的政府平台特色，助推政府数字化简平治理转型。第三，助推政务平台建设。浙江"数字政府"的成功实践，离不开政务服务平台的应用与推广。一方面，"浙江政府服务网""浙江政府数据开放平台"等省域数字化政府门户网站，运用政府平台实现公共服务与数据共享；另一方面，依托线上智能移动平台，打造全省一体化掌上政务应用程序，如"浙政钉""浙里办"和"政务一朵云"等，作为政府服务与公众数据传导的关键载体，实现省、市、县、乡、村和小组六级组织全覆盖、信息全通达，以线上实体程序的形式实现服务效能与数据价值的联通，汇集多方数据，扎实推进数据治理变革。

（二）"一硬"奠基现代化治理实力

硬件作为数字化转型的重要支撑，在疫情防控实战中凸显"数字基础设施"的关键属性。数字基础设施是为国家治理、社会发展和居民生活提供数字化公共服务的基础性平台设施。在大数据时代，将"数据"作为生产要素，更能突出"新型基础设施"的建设要义。

1. 建设先行数字基础设施

浙江省对传统基础设施的改造与创新，体现于数字基础设施的建设与完善，聚焦数字技术基础设施、数字平台基础设施以及物理基础设施智能化三大版块，力争"数字"先行。

在数字技术基础设施建设方面，围绕数字科技创新，在基础理论、通用技术和关键共性技术等不同层面逐层突破，以建设数字技术强基工程、数字技术攻关工程和数字技术协同创新工程为建设重点，突破数字技术屏障。同时，加大力度推进第五代移动通信技术网络建设，强化通用技术服务能力，在云计算、大数据、物联网、人工智能和区块链等方面构筑技术底座。在数字平台基础设施建设方面，基于数字经济、数字政务和产业数字化领域推出数字平台，在"智慧城市"的基础框架内，构筑城市治理与社会服务的"城市大脑"特色平台，彰显数据要素的治理优势与应用价值，突破既有传统基建的固化印象。在物理基础设施智能化方面，在传统公共基础设施中注入数字技术生命力，以"智慧浙江"建设为基本任务，采用现代信息技术，将物理基础设施与信息基础设施有机融合，着力提高传统基础设施的智能化与创新化水平。同时，就治理"数据池""数字驾驶舱"等数据基建展开积极探索与广泛应用，在保障信息和数据安全的前提下，为省域治理提供数字支撑。

2. 重点发展大数据产业

"数据"已成为重要的发展资源与新动能，浙江前瞻性地将大数据产业发展列为重要建设项目，将数据作为省域发展的重要生产资料。在产业谋划布局方面，提高以互联网为核心的信息经济的产业地位，紧随国家政策展开省域信息技术产业部署，设立"数据强省"发展目标，通过行动纲要、实施计划等战略布局，推动政府治理和公共服务能力现代化。在产业系统建设方面，形成基于大数据的产业生态系统，在省级产业发展层面，围绕研究中心、示范企业、管理机构和开放平台四要素，打造内部良性互动与产业集聚发展的优势。在企业合作共建方面，本土龙头大数据企业提供支撑，政府整合资源攻坚、企业密织应用体系，在产业聚集的基础上，政企合作互补，形成完整的行业产业链，并结合业务专长做深技术产品，为浙江数字化转型提供特色的省域优势与建设基础。

3. 积极架构数据"舞台"

在新冠肺炎疫情暴发之初，浙江采取迅速有效的数据化"即战力"举措，除了上述的先行探索与深化发展之外，还在于其对承接数字"舞台"载体的支撑。第一，政府积极建设支撑架构。通过政府设立大数据管理专职机构，实现各级政府公开数据的收集、加工、存储和应用，为统筹管理公共数据资料提供重要载体。以数据采集共享、有序开放和社会化应用为重点①，为打破"数据孤岛""数据烟囱"的数据壁垒与割裂状态、架构共享治理平台提供重要场域，实现各级政府部门的数据资源在"舞台"上的互通共享。第二，通力打造政企共建平台。在科技建设实验室、枢纽型数字科技企业以及数字应用企业发展态势良好的基础上，浙江集政府数据与企业研发技术于一体，展开基于政府组织规划领导下的资源整合与技术研发相结合的"政企合作，共同发力"新平台。开放共享的大数据平台，有效推动政企数据双向对接，在一定程度上激发社会主体的创新活力，挖掘数据资源，在省域数字化"舞台"上实现"合作共治，争奇斗艳"的发展景象。

4. 营造现代化治理氛围

作为大数据建设全国领先的省份，浙江具备"得数字化者得先机"的前瞻意识，这也成为省域治理体系建设和治理能力现代化的关键指引，除此之外，还应注重营造现代化治理氛围。第一，注重政府、经济和社会三大领域的数字化转型。在数字政府领域，形成各级政府职能部门核心业务的全覆盖，树立全方位的数字化工作导向，以实现"掌上办事之省""掌上办公之省"为目标。在数字经济领域，以"数字经济"作为省域建设的"一号工程"，在聚焦互联网、大数据、人工智能与不同经济形式深度融合的同时，深化数字产业化和产业数字化发展意识，并着力构建以此为"双轮驱动"的数字经济发展格局。在数字社会领域，精准把握数字化转型的发展趋势，着力构筑十大应用场景数字化转型的社会服务布局，以"数字化"意识引领省域发展高地。第二，注重大数据专业人才培养。政企、政校、校企多方合作互补，对大数据应用型、实践型人才展开专业对口培养，为推动浙江大数据发展进程、拓宽大数据应用范围提供人力源泉。第三，注重数据安全的保障制度建设。加强数据立法和规范体系的建设，不断完善地方性政策法规，落实数据资源的安全防护、隐私保护、风险评估和监管预警等制度。同时，

---

① 孟刚:《深化数字浙江建设奋力推动高质量发展》,《浙江经济》2019 年第 6 期。

联合相关企业参与制定行业数据标准，为政府数据公开、企业云数据提供安全保障。

四 "浙江样板"对探索省域现代化治理的启示

（一）大数据融入省域治理现代化的内在逻辑

省域治理是国家治理体系与治理能力在省域层面的落实和体现，是立足省域贯彻中国特色社会主义制度和国家治理体系、推进现代化建设的具体治理实践①。现代化具有多重内涵，而省域治理现代化作为推进国家治理现代化的重要支撑，在将大数据作为治理方式融入其中的同时，需要先对其内在逻辑展开理念、模式和效能维度的剖析。

1. 理念维度

将大数据融入省域治理现代化是国家战略的体现。在国家顶层设计与宏观政策制定方面，以大数据为引领的数字治理将成为国家发展大势，国家层面的战略实施需以建设网络强国、数字中国和智慧社会等现代化发展布局为主导。在国家整体部署的大数据发展战略引领下，从国家战略高度向省域治理展开规划与布局，以促成"由面到块"的省域现代化治理覆盖。

2. 模式维度

省域治理现代化要求多元主体协同治理。在省域治理现代化的建设与布局中，融入大数据理念要求推进构建聚集性、系统性数据集合与共享的地方治理模式，发挥大数据在系统治理、依法治理、综合治理和源头治理中的关键作用，以大数据为纽带处理各治理环节间的关系。大数据推动"大治理"，需要政府、社会和市场等多元主体共同参与到省域协同治理中，以数据联结多元为特征，形成多主体协作互补的协同治理结构。

3. 效能维度

大数据能提升省域治理现代化治理效能，以其先进的现代化信息技

---

① 《浙江省政府数字化转型助推省域治理现代化》，《计算机与网络》2020年第6期。

术将制度优势转化为治理效能，从而有效提升现代化治理能力与水平。因此，可以大数据为推手健全国家层面的各项制度，促进省域治理现代化的落实，依靠大数据技术，高效提升省域现代化治理水平。

（二）大数据融入省域治理现代化的实践

1. 路径以大数据思维为风向标，引领顶层设计

全社会应树立科学的大数据思维，尤其是政府干部的大数据思维和意识培养至关重要，这对于推进治理方式创新、提升治理成效以及政府作出实时与精准的决策意义重大。应打造一支具有较高大数据治理水平的政府干部队伍，提高信息服务能力，广泛带动社会主体参与数字治理的应用和创新，充分调动全社会力量，实现大数据治理的全民共识。大数据思维应体现"自下而上"的数据治理与服务路径，由网格数据汇集为"数据池"，数据收集逐层递增，夯实规范性、整体性的大数据治理基础，通过实现数据资源的下沉，保证社会细胞单元的有效参与。

国家治理现代化的顶层设计应以大数据思维为引导，坚持将大数据发展提升到国家战略高度，长远布局与统一规范。以大数据思维为引领统筹部署国家治理目标、治理主客体、治理过程，构筑"国家战略—重点领域—多元主体"的数据治理发展逻辑，以国家战略为依托，进而将数据纳入国家发展的关键领域并注重对数据发展重点领域的攻关，同时在政策制定、发展规划和行动落实上引导社会利益相关者积极参与，从而实现多元主体的系统治理。

在推进省域现代化治理的进程中，应时刻以数据化建设的顶层设计为根本遵循，结合省域特色与实际，出台有效的治理措施。在国家大数据战略的引领下，重点把握大数据发展趋势，着力提升大数据在省域治理中的地位和重要性，充分调动省域内开展大数据建设的一切有利因素；先行落实、精准施策是要义，须在大数据潮头之上、全国范围之内率先示范，精准构建大数据省域治理机制与模式，在树立"全周期管理"意识的同时，形成特有建设范式，不断提高省域现代化治理能力和治理水平。

2. 构筑数据共享治理格局，打通区域间数据壁垒

在以大数据为驱动的国家治理环境下，治理格局与治理模式的革新

势在必行。强化各级政府等治理主体间的数据共享意识，转变传统政府科层制治理方式，改善以往经验治理、形式治理的状态，以共享数据为纽带，调适政府与人民的"主宾位置"，提高公众参与社会治理的主动性和互动性，拓宽治理主体范围，形成政府、企业、社会组织、公民多元主体合作共治格局。同时，注重大数据资源开发与利用，将数据要素融入国家治理与公共服务体系，提升多元主体挖掘和应用数据的能力，丰富大数据驱动下的治理内涵和要义。

省域数字化治理还应借助大数据打通省市、区域等地理范围的壁垒与隔断，实现横向向度的数据关联分析与价值挖掘。应加快推动公共数据在各省间的共建、共享、共用，打破省市区划间的"数据烟囱""信息孤岛"局面，通过互相参考与借鉴数据建设成果，实现省域数据的最大化应用，共同推进区域数字化治理协同模式。同时，还应注重建设不同省域范围内同一层级部门间的数据共享机制，在合作互通的状态下，以最大限度地利用公开数据，高效探索其内在规律与应用价值。

3. 加强数字基础设施建设，夯实大数据应用基础

以大数据为核心的要素、技术、硬件等数字基础设施，是实现省域"现代化""数字化"和"智能化"治理的重要基础。为此，应积极推进数字技术基础设施、数字平台基础设施以及物理基础设施建设，政府、企业、数据机构等不同主体，应为大数据治理提供坚实的应用基础与数据平台支撑。其一，应着力提高云计算、物联网、人工智能和区块链等数据关联技术并最大限度地加以运用，从而提升海量数据信息的实用价值；同时，培养和引进具备大数据分析技能的数据管理人员，为数据潜在价值的挖掘与应用提供人才支撑。其二，加快建设与完善政府数字化治理平台，通过公开数据的汇总、分析和应用，转变政府执政方式，提升执政水平，着手打造符合省域优势、省域发展的特色治理平台；同时，政府应注重大数据管理部门的组织架构与革新，加强公共数据资源统筹管理，深化政府门户网站在数据采集、有序开放和社会化应用等方面的系统重塑；此外，政府还应依托省内科技企业资源，以其业务优势，共建开放式智能运营平台，借助科技龙头企业研发力量，突破发展瓶颈，推动产学研联合攻关，打造"政企合作，共同发力"的协

同治理载体。其三，为传统基础设施注入数字生命力，采用现代信息技术，实现传统基建的智能化创新应用，不断革新与淘汰老旧设施，并积极探索物理基础设施的数字化应用。

4. 助推产业数字化发展，营造大数据治理环境

应拓宽服务业、商业等行业大数据应用的内容和形式，构造大数据推动的发展新业态，不断创新各产业数字化发展模式，适应经济社会发展的需要；注重产业间的"信息交互，数据联通"，着力打造"产业生态圈"，并以产业数据信息"反哺"政府数据，实现政府与产业间的数字化信息联通。

各产业在大数据推动下实现数字化转型升级的同时，营造大数据治理的安全外部环境至关重要。为此，应加快开展大数据安全防控与保障体系建设，从法律制度层面保障政府、企业和个人等主体开放数据的真实性与合法性，明确数据从收集到应用过程的边界和规则，为现代化数字治理提供配套法律制度与政策环境，使国家现代化建设安全、畅通运行。此外，还应高度重视现代化治理中数据质量的把控与监管，制定严格的管控制度，建立共享数据的统一标准，实现高质量大数据资源一体化，全面推进国家现代化治理。

此外，政府应大力支持人才智库储备，搭建大数据人才培养平台，通过政府"搭台"、高校和企业"唱戏"的三位一体结构，建立人才联合培养机制，明确相关规范，保证社会需要与大数据人才培养的顺利对接。政府则扮演"牵线搭桥"的角色，推动人才培养的落实。

计算主义的未来
——基于科学哲学和 SSK 的研究 [*]

王建红

当前科学的发展越来越昭示了一种新世界观的诞生：计算主义。计算主义从最早的认知计算主义发展到今天，已经开始表现出一种广阔的前景。然而，面对众多批评者的质疑，正在发展中的计算主义急需确认的是：世界观意义上的计算主义是否具备成功的基础和条件？它的未来将会怎样？为了给计算主义提供进一步的支撑，本文拟以科学哲学和科学知识社会学（Sociology of Scientific Knowledge，SSK）的理论为基础，总结科学理论被成功提出、广泛接受所需具备的社会历史条件，并以此为基础考察计算主义兴起的社会背景，从而探讨计算主义发展的合理性、未来趋势及应注意的问题。

一　理论"成功"的社会要件

一个科学理论的"成功"既包括理论被成功提出，也包括新理论被科学群体乃至社会大众所接受。理论的提出和被他人认可会受到诸多因素的影响，但对于理论的成功需要怎样的社会条件这一问题的回答，到目前为止，主要是由历史主义科学哲学和 SSK 完成的。

历史主义科学哲学的最大特点是坚持将科学哲学和科学史的研究相结合，在其代表理论中不同程度、或明或暗地包含着这一理念，即科学

[*]　原文刊发于《哲学动态》第 2016 年第 6 期。

发展受外部社会因素影响的思想，具有代表性的哲学家有库恩（Thomas Saumual Kuhn）和费耶阿本德（Paul K. Feyerabend）。

历史主义科学哲学对社会因素作用的关注仅仅是其诸多关注目标之一，SSK 则直接以阐述社会因素对科学发展的影响为己任。SSK 的奠基者之一大卫·布鲁尔（David Bloor）在其《知识和社会意象》中明确提出了科学知识社会学的"强纲领"①。布鲁尔的"知识的建构"理论非常清晰、明确又实用，但是布鲁尔的研究风格侧重于分析研究者个体的欲望、情感、知识素养、社会地位和社会关系等社会因素对知识建构的影响，相对微观，而较少从宏观视角考虑社会大环境对某一知识领域的整体性影响。在其他科学知识社会学家中，当代 SSK 研究的重要代表人物迈克尔·马尔凯（Michael Mulkay）提出的科学发展的三种模式理论可以视为一种有益的补充。这种"科学发展三模式论"给我们提供了一个 SSK 对科学发展模式认识的总体性轮廓②。

马尔凯认为，科学发展的第一种模式是以早期的科学社会学家默顿为代表的"开放模式"。这一模式认为，科学家是一种独立的社会群体，他们以增加可靠的、实证性的科学知识为目标，遵循着相同的价值认同和社会规范，这套规范要求其成员："独创性"地发现并解释新的自然现象；毫无保留地将自身成果变成"公共性"资源；不求名利"无私性"地努力工作；坚持"普遍主义"，不偏不倚地评判他人的成果；并对他人工作保持"有组织的怀疑"。这种模式认为，只要遵循上述原则，科学就能和谐地保持"开放"性的累积增长。这种模式其实就是大众心目中的科学的理想模式。马尔凯认为，这种模式虽然得到广泛认同，但是却很难找到多少直接的论据。很多批评的观点指出，这种模式是不符合事实的。

马尔凯将库恩的科学发展模式称为第二种，即"封闭模式"。在马尔凯看来，库恩的模式与科学中的社会控制分析是一致的，在某种程度

---

① 布鲁尔：《知识和社会意象》，霍桂恒译，中国人民大学出版社 2014 年版，第 6 页。

② 马尔凯：《科学社会学理论与方法》，林聚任等译，商务印书馆 2006 年版，第 92—109 页。

上得到了分析结果的支持，但是却不能解释所有的科学发现（发展）类型。比如，有一类发现揭示了"新的无知领域"，它不需要范式转换，只需通过对现有概念和技术手段的扩展和修正就可以成功。在这种类型基础上，马尔凯提出了一种新的科学发展模式。

马尔凯称第三种新模式为"分支模式"。这种模式假定，科学家的社会存在具有"网络"特性，而任何一个网络的发展很大程度上依赖于临近领域的发展。这一模式的典型社会过程是：在一个传统领域的研究网络中，人们对其研究成果重要性的认识显著下降，网络中的成员很少能轻易找到研究的方向，且成员拥有的知识技能具有广泛的应用性，当这样的研究网络共同体收到外部冲击时，其成员受新发现的问题、意外的观察结果或不同寻常的技术进步的影响，在兴趣的推动下，便开始向新的探索领域转移；在新领域获得的初期成果一般分散在各种不同的学科刊物和综合刊物上，拥有共同兴趣的相近课题的研究者因此开始建立非正式联系，并通过"无形学院"加强关系，志同道合者逐渐被吸引到这个新领域；由此各种科学论战相继而起，在激烈的争论中，不同观点可能会变换，中心问题可能会转移，但共识会逐渐形成，科学（领域）的发展便得以成功，并会拓展出许多新的科学领域。

三种科学发展模式的差别是明显的，但根据马尔凯的总结，三种发展模式没有绝对的对错之分。他将第一种开放模式视为科学的意识形态，这种模式不但有价值，也有其应用。第二种封闭模式在总体上与第三种分支模式有相似性，甚至可以视为后者的一个特例：当传统研究领域的研究网络已经高度制度化，可获得的研究问题和专业认可都已减少，受知识技能限制，网络成员的进出变得极其困难，网络成员的认识已经非常精确，进一步的学术提高可能性已经很小，此时的网络"分化"只能采取彻底的决裂性迁移，亦即革命。根据马尔凯的论述，两者最大的区别在于：在分支模式中，新出现的科学发现并不需要推翻一个普遍接受的正统观点，亦即传统范式。

马尔凯的"三模式论"较好地总结了迄今为止对科学发展的社会分析的主要观点。但需要指出的是，马尔凯将库恩的封闭模式视为分支模式的"特例"，虽没有在根本上否认封闭模式的正确性，但无疑降低了其地位。也许是为了达到这一目标，从而刻意保持与封闭模式的区别，分支模式几乎没有提到多数科学发展都是为了应对某种理论或实践的"危机"而出现（他用了其他不明确的替代词）这一事实。

二 计算主义兴起的问题域

计算主义在概念上有新旧之分。旧计算主义主要是指认知计算主义，这种计算主义主要存在于认知科学领域，坚持"思维即计算"的基本理念，是计算主义的一种先期概念。新的计算主义即广义的计算主义，主要是指建立在以超计算和自然计算概念基础之上的，渗入到自然科学和社会科学领域的一种"具有广泛含义的计算主义"，是一种以计算隐喻心灵、生命乃至整个宇宙的存在形式，具有世界观意义的计算主义①。很明显，新旧计算主义有着紧密的联系，且新计算主义囊括了对认知计算主义的新理解。本文讨论的目标是新计算主义。

最早从细胞自动机的角度把宇宙看作一台计算机的是德国科学家康拉德·楚泽（Konrad Zuse）。早在 20 世纪 40 年代，楚泽就开始把宇宙设想为一台巨大的计算自己进化的计算机，后人视其为"数字物理学"（digital physics）和"数字哲学"（digital philosophy）的开创者。但具有世界观意义的计算主义的思想被"广为人知"最早源于著名物理学家惠勒（John Archibald Wheeler），他于 1990 年提出了"万物源于比特"（It from bits）的命题。1997 年人工智能教授于尔金·施密德胡伯尔（Jurgen Schmidhuber）在《一个计算机科学家的生命、宇宙和万物的观点》中系统提出了关于宇宙可计算性的观点。2000 年研究量子计算的领军人物劳埃德（Seth lloyd）在《计算的终极的自然限制》中也提出了其关于宇宙计算的思想，并在 2006 年出版的《程序化宇宙》一书中作了系统阐述。因研究细胞自动机而成名的斯蒂芬·沃夫拉姆（Stephen Wolfram）经过十年的潜心研究在 2002 年出版了他的鸿篇巨制《一种新科学》（NKS），通过大量的计算机实验证据和分析，提出了宇

---

① 赵小军：《走向综合的计算主义》，《哲学动态》2014 年第 5 期。

宙是一个巨型的计算系统的观点。

计算主义提出和针对的问题并不如计算机的发明所针对的问题那么明显。计算机的发明主要是为了解决一些工程运算中繁重的计算任务，而计算主义作为一种正在生成的世界观意义的思想理论，其提出过程并没有直接明显的问题对象。但从目前有限的资料来看，还是可以发现一些隐藏的线索。

其一，从研究者个体的思想历程来看，以惠勒为例，在分析者看来，惠勒所面对的是当代物理学的最重大问题，那就是广义相对论和量子力学的矛盾问题[①]。量子力学和相对论被认为是 20 世纪两个最伟大的物理学理论，但是这两个理论（至今为止）并不协调。解决的办法是找到一种新的物理学，将两者整合起来。在惠勒努力的征程中，他认为，"波函指出电子的'可能'位置，却非'真实'位置……适当的实验可以找出原子内电子的位置…测量正是让可能性转变成事实的行动，测量是一种选择行动，在各种可能结果中进行选择"[②]。正是以这种方式理解量子力学时，他开始将宇宙的运行比作电脑的运行。在此基础上，惠勒试探着将万事万物的"存在"建基在信息之上，从而提出了"万物源于比特"的思想。

劳埃德提出其宇宙计算的思想的历程与惠勒类似。作为量子计算的权威，劳埃德于 1988 年从洛克菲勒大学获得物理学博士学位，拥有深厚的物理学背景。他在研究量子不确定性问题时，主要采用了一种抽象的方式处理量子力学，将单位信息视为基本构成单元，比如"1"代表粒子自旋向上，"0"代表粒子自旋向下，并通过交换 0、1 数据串来研究粒子演化。他发现，当粒子相互纠缠程度增加时，原本用来描述它们的信息会逐渐转变成对所有纠缠粒子的整体描述[③]。在这一研究过程

---

① 田松：《通向哲学的物理——介绍惠勒的几项哲学性物理思考》，《自然辩证法通讯》2004 年第 5 期。

② 惠勒：《约翰·惠勒自传：物理历史与未来的见证者》，蔡承志译，汕头大学出版社 2004 年版，第 437 页。

③ Lloyd Seth, Black Holes, *Demons and the Loss of Coherence*: *How Complex Systems get Information*, *and What They Do With It*, The Rockefeller University, 1988.

中，劳埃德实际上已经将宇宙视为可计算的了。

　　沃夫拉姆也有类似的经历。他生于 1959 年，在 15 岁时就发表了一篇物理学论文，并在 1980 年较短时间内获得了加州理工学院的理论物理学博士学位，曾与著名物理学家穆雷·盖尔曼（Murray Cell-Mann）和费曼（Richard Feynman）共事，并在 1981 年获得了麦克阿瑟"天才人物"奖（MacArthur "Genius" Fellowship）。然而这一物理学年轻的新秀却在 1980 年之后，逐渐从功能物理学领域转向了对复杂性问题的研究。虽然没有具体的资料显示，是沃夫拉姆在研究物理学时发现了难以用传统方法解决的问题导致了其研究的转向，但这无疑标志着沃夫拉姆所研究问题对象由于某种原因发生了转变。

　　其二，从各学科史的角度看，20 世纪是数学"合久必分"的分化发展的黄金时代，出现了各种不同的数学分支，数学逐渐发展成为一个具有庞大分支规模的理论体系，许多数学家也越来越局限在狭窄的范围内从事研究。从 20 世纪初中期开始已经没有一个人能够像庞加勒和希尔伯特当年那样通晓数学的全貌了，甚至当今有些分支的数学家对于别的分支知之甚少，如许多研究偏微分方程的人甚至听不懂解析数论。这种过于专门化的倾向对于数学科学的健康发展十分有害，因为数学在本质上是一个有机整体，分支化带来的研究往往把自己从事的特殊问题看成最重要的问题，忽视了对数学核心基础问题的关注，结果大多是在定义、假设和同义语之间进行所谓的创造。在数学的这种普遍困境之下，将数学各分支整合统一的研究路径正在展现出其巨大的优势。比如，怀尔斯（Andrew Wiles）在 20 世纪末对费马（Ferrnat）大定理的证明几乎要依靠所有主要的数学工具和分支，比如椭圆曲线、群表示、模形式等工具以及代数几何、代数拓扑、群表示等主要新兴分支。越来越多的证据表明，各个数学分支的融合变得越来越重要。有人预测，21 世纪的数学将在很长时间内出现各分支融合的趋势[①]。

　　物理学在 20 世纪的发展历程也表现出了与数学相似的"合—分—合"的趋势特征。现代物理学的很多分支学科，如粒子物理学、原子

① 辛周平：《现代数学的最新趋势》，《纯粹数学与应用数学》2010 年第 1 期。

核物理学、原子与分子物理学、固体物理学、凝聚态物理学、激光物理学、等离子体物理学、天体物理学等，它们的起源有些可以追溯至 19 世纪末，但它们的成熟和取得大发展大多是在 20 世纪之后。然而，在庞大的学科体系下快速发展的物理学已经表现出了它的整体困境。首先，基于量子力学和相对论的不协调导致了物理理论整体上的不协调，如以广义相对论来描述引力和宇宙的"无限大"系统与利用量子力学来处理的"无限小"系统的不协调。这种不协调代表着整个物理学的基础困境。其次，纯物理的研究开始追求"极端化"，比如超低温、超高温、超真空、超高压、超细、超净等领域的研究。这种极端化虽然开辟了现代物理学发展的一种新方向，但是，从库恩的范式理论来看，也恰恰意味着物理学在传统范式下的"常规""解谜"式研究已经开始匮乏。最后，物理学开始大规模与其他学科交叉。比如物理学与化学交叉产生了物理化学、分子反应动态学、新原子化学、等离子体化学、光电化学等；物理学与生物学交叉产生了生物物理学、量子生物学、生物磁学、生物电学等新学科；物理学与地学、物理学与天体科学也都交叉形成了诸多新学科。当前甚至还出现了物理学向社会科学领域的交叉，比如出现了经济物理学、金融物理学等。虽然诸多物理学交叉学科的出现似乎是物理学兴盛的表现，但其实质却隐含着一种新趋势：物理学的进展已不再主要基于其本身基础理论的研究了。或者说，这也意味着物理学基础研究的"内生"增长开始面临困境，只能寻求"外向"发展。

同时，物理学与其他学科的大规模交叉也并不意味着其他学科研究的兴盛。通过研究诺贝尔奖得主的学科背景可以发现，20 世纪获得生理学及医学诺贝尔奖者中明显属于物理学家的有 6 位[1]，获得诺贝尔化学奖的物理学家则有更多[2]。这种现象一方面意味着交叉研究是当代科学研究的一种主要趋势，也同时说明，除物理学外的其他自然科学自身

---

[1] 眭平：《获得诺贝尔生理学及医学奖的物理学家们——跨出学科界线的物理学家研究之一》，《物理通报》2009 年第 2 期。

[2] 眭平：《获得诺贝尔化学奖的物理学家们——跨出学科界线的物理学家研究之二》，《物理通报》2009 年第 3 期。

也出现了发展困境，否则不应该将本领域重大发现的功劳让位于其他学科。或者用库恩的话说，这些学科在传统范式下的"解谜"已只剩一些细枝末节了，只能用交叉的方法苟延残喘。

　　从数学和物理学各自的角度已经可以发现科学发展表现出了"分久必合"的当代新趋势。除数学的一些重大难题的解决表现出这种趋势之外，物理学的表现更加直接。在美国物理学家斯莫林（Lee Smolin）看来，物理学从 20 世纪 70 年代开始就面临着 5 大问题，其发展的脚步在 80 年代初就停了下来。在斯莫林所谓的 5 大问题中，前 4 个都直接或间接地与物理学的"统一"问题相关，分别是：广义相对论与量子理论的统一问题、对量子力学不同观测结果的统一问题、弱力与强力的统一问题以及粒子和力的统一问题。以至于他断言，"物理学应该统一，这个思想比任何其他问题对物理学的驱动更大……迄今为止我们都在讨论用一个定律来统一。很难想像有谁能否定这是必须的目标"[①]。因解决弱电统一理论问题而获得诺贝尔奖的美国物理学家温伯格（Steven Weinberg）同样认为，物理学（主要是基本粒子物理学）自 20 世纪 70 年代中叶就遭遇了"历史上最大的挫折"[②]，并且他更加主张追求建立一种统一各种自然理论的"终极理论"。

　　根据历史经验，物理学基础理论的创新往往伴随着（或跟随着）数学理论的创新，它影响乃至决定着其他自然科学乃至社会科学的发展，可以想象，一旦更接近"终极理论"的物理学统一理论出现，必然会带来整个科学全新的发展。从这一角度而言，当前的自然科学面临的是一种整体的基础困境。这种困境远非库恩意义上的某一"学科范式"的困境，而是整个"科学范式"的困境。因为这种困境的跨学科性，直接来看，它不应属于某一学科或相邻几个学科的本体论意义上的困境，而应属于整个科学在方法论意义上的困境。或者套用库恩式的语言可以说，当前整个科学看待世界、分析世界的"范式"出现了危机，需要探索解决危机的新范式。这就是计算主义所面对的问题。这一问题

---

① 斯莫林：《物理学的困惑》，李泳译，湖南科学技术出版社 2008 年版，第 9 页。
② 温伯格：《终极理论之梦》，李泳译，湖南科学技术出版社 2007 年版，第 2 页。

并没有直接自显，所有的计算主义者也都没有直接提出这一问题，但通过上述分析可以发现，它却是真实存在的。

对于整个自然科学所面临的"范式"危机还有一个更直接的存在证据，那就是发生自 20 世纪末的"科学大战"。其爆发的直接原因似乎是由于后现代主义科学怀疑论者对现代科学的合理性、客观性和真理性进行全盘否定，从而引发了后现代思想家与科学卫士之间的大论战。其中固然有后现代主义者的偏激和狭隘问题，但作为被批判对象的科学也不能说自身就完全无辜。因为，在人们传统的认识（理想形象）中，科学知识是基于观察和实验对外在自然原型的客观真实再现的可靠真理性知识，因而人类的理性要求这种对自然"再现"的科学知识需要具有再现的普适统一性、清透性和纯洁性。然而，随着自然科学在 20 世纪的不断发展，自然科学越发表现出其理论的分化性、知识的模糊性和过程的功利性，并且这种科学的"弊病"是由"科学哲学—科学社会学—大众传播"的路径被外界所广知。这也就是为什么本来关于科学严谨性的学术争论最终演变成了席卷社会大众的"科学大战"。换言之，"科学大战"的爆发在根本上与整个科学自身在 20 世纪发展中表现出的理论分化、对自然解释存在非普适统一性有直接关系。

传统科学至今仍在继续发展，但其发展的路径主要还是沿着在传统科学的学科体系下通过纵向更细的分化实现的，即便出现了一些学科交叉研究，但这种交叉一旦成功便很快发展成为既定学科体系下的一个新学科，开始拥有独特的研究对象（交叉对象）和独特的研究方法（交叉方法）。整体来看，无论是各个老学科还是各个新学科都更加孤立、分割。而世界的现实是，突飞猛进的科学本身越来越涌现出一些传统分化理论下的传统科学所不能应对的挑战，而且随着新技术革命及经济、政治、文化国际化的加强，人类开始越来越多地面对一些全球性的人口、资源、环境、灾害和安全等问题，这些问题也有待科学提出系统的、整体的指导意见。可以说，人类已经站在了整体的生存、安全和发展危机的边缘。要从根本上解决这些科学乃至整个人类的危机，就需要人类在整体上对既有的知识进行全面的审查，找到一种全新的科学范式，而不是在传统的科学范式下，仅仅通过一些学科的分化和交叉来解决这些整体性问题。可以说，这就是计算主义的问题对象，亦即"传统科学范式危机"。

三 计算主义的社会条件

怀疑者可能会问，即便现代的整个科学的确存在"传统科学范式危机"，怎么能认定计算主义就是这一危机的解决方案呢？迄今为止的大量计算主义相关研究已经从不同的角度说明（如沃夫拉姆的 NKS），计算思想可以用来重新审视各种事物及其各种有关事物的科学理论。[①] 可以说，这些研究已经证明，以计算主义作为当前科学整体范式危机的解决方案，已经显示出了技术和理论上的可能性。这些解答是计算主义从其内部作出的，已经和正在被越来越多的计算主义的科学家所深入研究。本文的任务是从其外部的社会条件寻找一些新的证据。这些证据主要体现在计算机技术在科学研究与社会生活的应用上。

计算机及其理论思想在人类各种科学门类中的应用已经非常广泛。计算物理学、计算数学、计算化学、计算生物学、计算医学、计算地理学等都已先后诞生并成为广为认可的新学科，并在各自学科门类中成为相对前沿而活跃的研究领域。即便某些学科没有出现冠名以"计算（机）"的新分支，但是计算（机）技术的应用程度和重要性也已经显而易见。如计算（机）技术在天文学和宇宙学中的应用，无论其数据信息的处理还是信息数据的获取都与计算技术紧密相关。计算（机）技术在科学研究中的应用甚至已经开始广泛渗透到社会科学领域，如经济学、管理学、社会学，至今已有计算经济学、计算管理学、计算社会学等被先后宣布诞生。可以说，任何一门学科都离不开信息数据的处理和应用，而在计算机技术快速发展、应用的背景下，任何一门学科都已经开始或多或少地运用到了计算（机）技术。

在日常生活中，随着计算（机）技术的发展、网络时代的到来，

---

① 李建会：《计算主义：一种新的世界观》，中国社会科学出版社 2012 年版，第 180—219 页。

计算机的应用也已无处不在。无论是军事、教育、工业领域还是其他商业领域都已广泛使用计算（机）技术，它已渗透到国民经济各个部门及社会生活的各个方面。计算机在军事领域的应用更是毋庸置疑，其发明本身就是基于军事的需求，至今的"信息战"更是成为军事领域的重头戏。在教育领域，除了由来已久的计算机课程和数字化教学的普及，当前的网络化教学更是成为教学改革的重点。计算机在工业领域的应用也已经很广泛，如计算机集成制造、计算机辅助设计和制造、自动控制、信息系统管理等已广泛应用并效果明显。此外，随着计算机网络的普及，计算机在金融、交通、企业管理、邮电、商业等各行各业中也越来越发挥着不可替代的作用。

显而易见，计算机及其技术的应用已经全面深入人类的生活之中，以"计算"的思想将各种科学研究乃至生产生活"统一"起来的基础条件已经具备。而且摩尔定律对计算机技术高速增长的判断虽然受到怀疑，但人们对计算技术的依赖将更加增强，计算机的广泛应用将更加深入。这必然会成为人们对计算主义理论难题展开深入研究，并被社会快速接受的社会基础条件。

四　对计算主义的社会需求

任何理论成功获得社会广泛认可的要件都有两个：一是理论自身正确；二是这一理论能为解决某种社会普遍性问题提供支持，社会需要这一理论。就计算主义而言，其理论自身虽然还有待发展，但其已经表现出对其他理论进路的超越，并展示出能够超越当前一些重大理论困境的优越性。

首先，计算主义能够超越复杂性理论的理论困境。计算主义面对的问题对象在科学领域具有明显的普遍性，这一点已经有所论述。对此还可以从计算主义的"前阶理论"的特征中得到支持。在本文看来，复杂性理论在很大程度上也是为了解决自然科学整体的范式危机而诞生的，但是这一理论范式经过一段时间的蓬勃发展后，被证明对于科学范式"危机"的解决并不成功，而且由于它早于计算主义而提出，所以在解决科学范式困境的意义上，本文称为计算主义的"前阶理论"。

复杂性理论是一个思想谱系。这一思想谱系肇始于 20 世纪初的系统论的诞生，20 世纪 40 年代又先后出现了信息论、运筹学、控制论等新的学科理论，其中先后提出了复杂性研究的第一批科学概念，如系统、组织、信息、通讯、反馈、控制、信息嫡、整体性、秩序性等。这些思想理论还对还原论和分析思维的局限性作出了系统的挑战，初步验证了系统方法处理复杂性问题的有效性①。这在实质上是对传统科学范式的初步反思。20 世纪 70 年代耗散结构理论、协同学、突变论和超循环理论先后诞生，共同构成了自组织理论。这些理论主要研究复杂自组织系统，如生命系统、社会系统的形成和发展机制问题，从而开始以新的基本概念和理论方法研究自然界和人类社会中的复杂现象，并探索复杂现象形成和演化的基本规律。1984 年，美国新墨西哥州罗斯阿拉莫斯国家实验室研究中心主任考温（G. A. Cowan）出于对当时科学分工过细而导致不同学科的研究过于封闭的不满，联合几位诺贝尔奖得主，包括物理学家盖尔曼（Murray Gell-Mann）、安德森（Carl David Anderson）和经济学家阿罗（Kenneth Arrow），在新墨西哥州的首府圣菲建立了圣菲研究所（the Santa Fe Institute，SFI，也被译为圣塔菲研究所）。圣菲研究所建立之初就表现出了对传统科学范式的"革命"：它对世界全面开放，成员流动，吸收众多世界级的科学家参与其中，开展规模空前的跨学科、跨文化综合研究，试图建立统一的复杂性科学范式。圣菲研究所成立之前的复杂性研究主要涉及物理学、化学、生物学和工程界的研究人员，在圣菲研究所成立之后，复杂性研究逐渐发展成为一场声势浩大的复杂性运动，除上述学科领域外，经济学、人类学、文化学等学科领域的研究也被逐渐吸引进来。到 20 世纪末，复杂性研究已遍及所有发达国家和一些发展中国家的各种学科领域，俨然成为一种具有世界规模的科学思潮，或一种思想运动。但是至今为止，除去一些哲学领域的研究者对复杂性研究现象有一些总体概括外，涉及复杂性研究的具

① 黄欣荣、吴彤：《复杂性科学兴起的语境分析》，《清华大学学报》（哲学社会科学版）2004 年第 3 期。

体理论仍然是分门别类地进行的，对复杂性研究建立一个统一范式的范例并未出现。在本文看来，复杂性研究者模糊地感受到了传统科学范式的不足，希望加以"革命"，然而，复杂性理论更像对传统科学范式"提出问题"，它指明了当代科学的困境在于：世界（科学对象）是复杂的，传统的理论分化、对自然解释非普适统一的科学范式存在根本缺陷。复杂性理论成功地提出了传统科学范式的问题，但是它却不能很好地回答这一问题。因为，"复杂性"理论解释世界的方式仍然是"复杂"的、分化的，其核心概念，如涌现、自组织、分形、混沌等，到目前为止仍没有统一起来的可能性。21 世纪后，复杂性研究在世界范围内越来越失去了原有的锋芒，其根本原因也可能就在于此。

与复杂性理论相比，计算主义从一开始就更像在"解答问题"。惠勒的"万物源于比特"是为解答量子观察难题而提出的，劳埃德的宇宙可计算思想是为解答量子的不确定性难题而提出的，而沃夫拉姆的 NKS 本身就宣称要建立一种新科学。根据所有计算主义者都坚持的宇宙可计算、宇宙即计算的观点，万事万物都可以通过计算加以解释、说明乃至模拟，从而在比特、算法或运算的不同层次上，万事万物必然能够找到统一的理论基础。如此一来，计算主义必然是重建理论世界并指导人类实践的理想选项之一。如前所述，人类面对的科学范式的危机是一个普遍性问题，因此，一旦计算主义被证明合理并成熟，必然会得到广泛的运用。

其次，计算主义能够超越后现代主义的理论困境。与复杂性理论的发展过程几乎耦合，后现代主义是在 20 世纪二三十年代诞生，在 60 年代后逐渐取得重大影响，并盛行于 80 年代的一种泛文化思潮。后现代思潮在思想特征上主要表现为对真理、理性、同一性和客观性的经典概念，对普遍进步和解放的观念，以及对单一体系、大叙事或者解释的怀疑[①]；在影响上主要表现为对当代西方现存文化、社会秩序乃至科学理性提出否定，对主流思想和意识形态发起冲击与挑战。由于它反对基础主义、本质主义和实在论，鼓励对既有理论、观点、学说展开反思和批

---

① 伊格尔顿：《后现代主义的幻象》，华明译，商务印书馆 2014 年版，第 1 页。

判，体现了人类批判精神对现代社会负面存在的否定性回应，在一定程度上具有积极意义，并取得了一定的成功。然而，正如越来越多的学者已经指出的，后现代主义具有的不可遏制的批判倾向最终冲击了人类的一切文化价值，并彻底否决了这些追求的意义，最终引致整个理性王国陷于混乱，致使人类知识与文化跌落成了游戏①。

在本文看来，后现代主义在 20 世纪人类思想史上的角色，与复杂性理论在 20 世纪科学史上的角色一样，都是"提出问题"者，却都不是成功地"解答问题"者。后现代主义发现了现代社会的问题和弊端，进行了大胆的揭露，告诉了人们哪些是可能错的、不可信的，却没有告诉人们什么是对的、可信的；它解构了旧有的人类知识体系，却没能建构一个新的知识体系，甚至连建构的方法都没有令人信服地指出。总而言之，它是解构有余而建构不足。因此，当 20 世纪末人类面对一系列前途攸关的重大问题，如核战危险、环境污染、生态失衡、资源紧缺、贫富差距、社会危机等，多数人无不期待着科学家、思想家给出令人信服的系统的解决方案时，后现代主义者们却令人失望地无能为力②。这也就是为什么 20 世纪末开始，后现代主义陆续在欧美国家衰落的根源。建设性后现代主义注意到了其前身的缺陷，希望加强其建构的能力，然而，建设性后现代主义毕竟不能完全排除其反对传统科学和思想体系的内核，否则就无所谓后现代主义了；同时，建设性后现代主义的建设性又不能离开传统的科学和思想体系，因为它毕竟没有构建出新的堪用的新体系。可以想象，既反传统体系又寄希望于传统体系的建设性后现代主义，最终将陷入尴尬的困境。人们不得不重新期待一种非传统的新的统一的科学和思想体系，这种科学和思想体系必然涉及相对统一的标准、价值和理念。到目前为止，正在发展中的计算主义可视为一种备选。可以预期，当社会对新的科学、思想体系的需求变得更加迫切时，一旦计算主义发展成熟，必将迅速得到社会的广泛接受。

最后，对计算主义运用的社会性实践已经诞生，并预示了强大的发

---

① 屈菲：《后现代主义思潮的演进及影响》，《北方论丛》2007 年第 3 期。

② 张庆熊：《后现代主义与思想解放》，《复旦学报》（社会科学版）2009 年第 5 期。

展前景。2012 年，来自不同国家的 14 位欧美学者联合发表了《计算社会科学宣言》（以下简称《宣言》）①。《宣言》的核心思想即将计算主义贯彻到社会科学的研究之中，倡导以信息与通信技术为基础，利用从超级计算机到分布式计算的计算技术处理数据，实施大规模、异质性、多主体研究，集合多领域（如社会与行为科学、认知科学、主体理论、计算机科学、数学和物理学）的专家，实行多边协作，创新反映社会复杂性和多样性的研究方法，对社会和行为系统的复杂性进行建模。《宣言》解释他们的目标时指出，他们之所以如此就是为了解决当前及未来人类将遭遇的社会和政治问题，诸如：金融和经济的不稳定性；社会、经济和政治分歧；健康威胁；多极世界中的力量不平衡；有组织犯罪，包括网络犯罪、社会骚乱与战争；制度设计中的不确定性；通信与信息系统的不道德使用等。《宣言》认为，上述问题是人类社会进入快速变迁期，随着技术发展衍生出了大量人类新行为的结果，既严峻又难于预测和处理，因而需要创新研究范式。《宣言》预期这种计算主义的社会科学研究必将带来社会学和其他社会科学的巨大范式转变，从而改善管理，增进政策决策与评估的科学性，还有可能极大地提高公民在决策中的参与程度，进而开启一个更安全、更可持续和更公平的全球社会。可见，《宣言》本身已经说明了计算主义的社会需求以及未来的发展潜力。

五　结语

参照历史主义科学哲学以及 SSK 的理论可以发现，计算主义已经具备了理论成功所需要的基本要件。当然，批评者可能会说，前两者的理论不适用于计算主义，因为前两者针对的主要是具体的科学理论，而后者更主要是一种思想观念和世界观。必须承认，计算主义作为一种新的世界观与具体的科学理论的确不在同一理论层次上，但是这并不能说它们所需要的社会条件就会不同。从科学哲学和 SSK 的角度看，任何理

----

① R. Conte，et al.，"Manifesto of Computational Social Science"，*The European Physical Journal Special Topics*，214（1），2012：325 – 346.

论成功所需要的社会条件都是一致的，这些条件并不会因为理论的层次不同而有什么根本性的差异，最多会因为理论层次不同导致其需要的社会条件的范围存在大小差异。比如，某一自然科学学科的某一具体理论所需的社会条件主要限于该学科并扩大到整个自然科学领域；而计算主义所需的社会条件则要涵盖整个科学领域并扩大到整个人类生活。

批评者可能注意到的另一问题是：当前的计算主义属于世界观，并没有实质的理论构成，如何论证这种"形而上学"的思想的正确与否呢？或者说，计算主义难道不就是一个没有意义的空洞新名词吗？这种批评隐指了计算主义的真实缺陷。当前的计算主义虽然有物理学和计算科学领域的一些理论支持，并有NKS这一成功的范例，但是这些理论并没有如人们所期望的，系统、严谨地说明世界是如何源于比特、遵循着怎样的算法、如何计算，这些解释又如何与人类眼中的世界和生活相协调统一的。的确，这些问题尚有待计算主义者提供更加精确的解答。这意味着当前的计算主义是不成熟的。但是，可以理解，当这些问题提出之时，它们也已经预示着计算主义不仅仅是"形而上学"的哲学空想，而是有着实质的理论前景，并且已经指明了计算主义的进路。因为，对"形而上学"质疑的反驳及其自身前进的方案就是解答质疑者所提出的上述问题。当前的计算主义对上述问题还没能提供有说服力的解答，并不意味着永远不能。计算主义理论中越来越被充分证明的丘奇—图灵论题（Church-Turing thesis）和NKS中计算等价原理等理论表明，计算主义具有解答上述问题的潜在能力，只不过还有待更多的研究加以展开而已。

计算主义至今已经发展成为一个层次丰富的概念，在较低层次上它是指认知计算主义，在最高层次上它是一种世界观，计算主义在两者之间还有很多层次可以发展和运用。正如历史上的多种世界观一样，任何一种赢得了人们接受的世界观都不会仅仅存在于"形而上学"的意识层面，必然会在人类社会生活的方方面面加以充分运用。将来的计算主义必是如此，只不过，这一目标的实现还有待各种学科和社会领域的支持者投入艰苦努力。

第二篇　研究实践篇

马克思主义理论学科十周年
文献数据研究：验证与发现[*]

王建红　高鹏飞　张月想

2005 年 12 月，国务院学位委员会和教育部联合下发了《关于调整增设马克思主义理论一级学科及所属：级学科的通知》，标志着马克思主义理论学科正式设立。在此学科设立十周年之际，人们有必要对学科的发展历程进行回顾和反思，以期总结经验、发现问题，从而为发展对策的提出提供可靠依据。基于这一目标，本文将通过对马克思主义理论相关文献数据进行统计分析，以探讨马克思主义理论学科在我国的发展态势及问题。

一　文献数据研究法：必要性和可能性

回顾马克思主义理论学科的发展，看其发展成效如何，应该看十年的发展在多大程度上实现了设立之初的目标。根据 2005 年发布的《中共中央宣传部教育部关于进一步加强和改进高等学校思想政治理论课的意见》，设立"马克思主义一级学科"（此后文件改为"马克思主义理论一级学科"）的主要目的可以分为四个方面：一是"开展马克思主义理论体系研究，开展马克思主义发展史、马克思主义中国化研究，开展思想政治教育研究"，即开展马克思主义相关理论研究；二是"为推进党的思想理论建设和巩固马克思主义在高等学校教育教学中的指导地

---

* 原文刊发于《宁夏大学学报》（人文与社会科学版）2016 年第 4 期。

位"；三是"为加强高校思想政治理论课建设"提供学科支撑；四是为"培养思想政治教育工作队伍提供有力的学科支撑"。同年，国务院学位委员会和教育部下发的《关于调整增设马克思主义理论一级学科及所属：级学科的通知》对马克思主义理论一级学科设立的目的也有相似的表述。这四个目的分层次看，第三和第四个目的是最直接的现实目的，第一个目的是高一层次的理论目的，第二个目的即推进党的思想理论建设应该是最高层次的目的。这三个层次的目的应该是依次递进的，只有实现了第一层次的目的，才能很好地深入开展相关的理论研究，实现第二层次的目的，之后才能推进党的思想理论建设，实现最高层次的目的。

从十年发展的实际来看，马克思主义理论学科设立的第一层次目的已经取得了明显成效。这一点可以通过学科学位点数量和教师职称、学历结构的纵向比较等数据加以科学证明①。但对于第二层次和第三层次目标的实现情况，虽然学科内外的人员通过不同方式都有所感受，但是到目前为止，较少见到有人从纵向比较的视角给出切实有力的论证。本文希望通过对相关期刊和出版文献进行多层次、多角度统计分析的方法对此做出一个初步的探讨。具体而言：首先，本文将依据中国知网（CNKI）中的期刊数据，通过进行不同条件下的检索，得出马克思主义理论学科相关的期刊文献数据，并进行统计分析；其次，结合历年的《中国出版年鉴》和读秀知识库（http：//www.duxiu.com/）中的图书检索，得到马克思主义理论学科相关的出版文献数据，并进行统计分析。

本文之所以采用文献数据研究法，其思路主要基于这样一个假定：研究发展和理论建设情况可以通过期刊论文和出版图书数量及其变化情况得以体现。当然，对此假定的必然疑问是：某一学科的研究发展和理论建设情况是否能用期刊论文和出版图书数量情况表征呢？本文的回答是：第一，在当代科学发展模式下，很多研究的最新成果往往都首先以期刊论文的形式公开发表，而且一旦某一研究领域成为关注的热点，相

---

① 艾四林、吴潜涛：《高校马克思主义理论学科发展报告》，高等教育出版社 2014 年版，第6—11页。

应的论文也就会在期刊上大量涌现，因此，期刊论文的变化情况可以反映一定学科领域的研究变化情况。第二，虽然当前图书出版模式下，学术著作并不必然等同于高质量的研究成果，但某一领域图书出版数量的变化也能反映相关研究领域研究趋势的变化，因为某一领域图书著作的撰写和出版资助的增加必然是由于某一领域研究热度的增强。当然本文的研究也会适当考虑当前图书出版模式对研究结论的影响。第三，本文的研究决定将学位论文的变化数据排除在外，考虑的因素是，对于马克思主义理论学科而言，其学位论文的数量情况主要受制于国家招生政策的控制，并不表现学科整体的研究情况，且其质量也同样难以客观评价。第四，这一假定还基于一个科学定律，即"大数定律"。任何少量的文献检索都难以反映任何规律性变化，而且，以计算机技术为基础的检索也难以保证检索结果中的文献都必然是符合条件的目标样本，但是由于文献数量较大（相当于实验次数较多），根据大数定律，本文仍然认为其结果能够反映所代表的变化规律。第五，在检索过程和分析过程中，本文还将根据研究进程多角度验证这一假定的真实性。总之，本文认为这是目前条件下，最能实现本研究目标的一个方法。

二 跨期数据统计分析及方法检验

（一）数据的采集和整理

1. 期刊文献数据

为了考察马克思主义理论学科的设立对整个马克思主义理论研究的影响，本文首先考察了1985—2015年包含学科设立前后两大时期的马克思主义相关研究的文献数据。由于2015年的数据不完整，经过多种实验并咨询CNKI服务人员技术细节后发现，由于期刊文献的录入时间受多种因素的干扰，我们不可能准确预测或拟合得出2015年的完整数据，所以为了数据的可比较性，我们最终舍弃了2015年的全部数据结果。

具体的检索方法是，在2016年1月5—8日的不同时间内，在"CNKI首页—高级检索—期刊"路径下尝试了多种检索方法后，最终采用了如下文献检索数据：S1：对所有文献选取"篇名"检索词"马克思主义""精确"检索后，按年度查列 1985—2014 年数据。S2：对所有文献选取"主题"检索词"马克思主义""精确"检索后，按年度查列 1985—2014 年数据。S3：对所有文献选取"主题"检索词"马列主义""精确"检索后，按年度查列 1985—2014 年数据。S4：对所有文献选取"主题"检索词"马克思"或"恩格斯""精确"检索后，按年度查列 1985—2014 年数据。S5：对所有文献选取"主题"检索词"毛泽东""精确"检索后，按年度查列 1985—2014 年数据。S6：对所有文献选取"主题"检索词"邓小平""精确"检索后，按年度查列 1985—2014 年数据。S7：查看"选择学科领域"目录，选择"哲学与人文科学""社会科学 I1 ＄""社会科学 II1 ＄""经济与管理科学"，其他条件空白检索后，对 1985—2014 年全部哲学、人文社科文献篇数按年度查列数据（本文认为，在 CNKI 学科目录下，上述学科包含了全部哲学、人文社科领域，以下简称"人文社科"）。

通过上述方法得到数据（见表 1）后，再将前 6 项数据分别按年度除以第 7 项数据，计算每一种检索结果占所在年度全部人文社科文献篇数的比重。如此，本研究进一步得到 6 项占比数据。根据这些数据，得到图 1 和图 2。

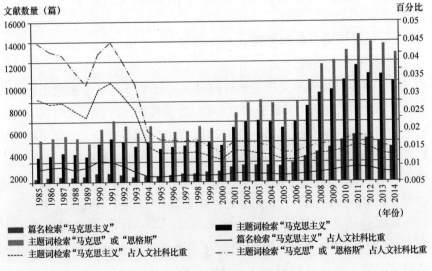

图 1　期刊文献跨期数据图 I

经采集、整理后使用的数据

表1

单位：篇、部

年份	S1	S2	S3	S4	S5	S6	S7	S8	S9	S10	S11	S12	S13	S14	S15	S16	S17	S18	S19	S20	S21
1985	376	2504	416	4200	1151	935	96690														
1986	487	2635	406	4404	1068	670	108206	51789	1225	614	160	587									
1987	554	2894	460	4625	1182	707	117159	60213	1304	629	178	585									
1988	483	2823	305	4387	858	554	126789	65961	1525	639	248	644									
1989	566	2550	349	3847	1024	711	126973	74973	1466	766	293	600									
1990	865	3818	655	5297	1707	735	132726	80224	1741	929	299	654									
1991	873	4331	715	6110	2540	876	140070	89615	1974	1295	415	769									
1992	732	4013	588	5586	2867	4144	149248	92148	1701	1249	531	575									
1993	507	3552	560	4878	5401	4437	159490	96761	1693	2048	779	577									
1994	621	3950	666	5580	5636	9933	356581	103836	1135	1278	733	382									
1995	596	3320	536	4860	3396	7642	369502	101381	1018	1138	730	389									
1996	685	3486	626	5004	3501	6545	387238	112813	1159	1228	825	399									
1997	843	3602	570	5047	3360	10375	399799	120106	1220	1453	1141	435									
1998	847	3957	690	5551	3322	11623	426358	130613	1605	1814	1812	593									
1999	1007	3947	614	5347	3464	10602	487810	141831	1672	1840	1929	568									
2000	1059	3634	461	4835	2929	6755	531849	143376	1777	1631	1679	471									
2001	1485	5419	665	6890	3631	6115	557661	154526	2114	1871	1772	631									
2002	1671	5954	593	7905	3688	5486	620316	170962	2271	1791	1507	623									

续表

年份	S1	S2	S3	S4	S5	S6	S7	S8	S9	S10	S11	S12	S13	S14	S15	S16	S17	S18	S19	S20	S21
2003	1670	6081	513	8159	4684	5134	693362	190391	2313	2027	1597	636									
2004	1662	5958	387	7860	4485	7580	707559	208294	2579	2237	1936	737									
2005	1564	5400	287	7282	3382	4361	784599	222473	2662	2321	1832	700	87775	482	317	93	683	215	348	301	401
2006	1899	5951	228	7984	3304	3224	875503	233971	3202	2745	1912	839	98168	620	437	177	896	218	383	309	629
2007	2514	7542	273	10133	4033	4250	955443	248283	2865	2165	1561	605	102927	788	490	236	897	174	361	267	436
2008	2960	8845	262	11668	4028	4427	1002129	275668	3173	2224	1681	701	150356	1251	828	375	1071	205	394	282	513
2009	3439	9178	268	12094	4510	3623	1001907	301719	3230	2499	1550	683	152718	1255	752	465	991	249	397	289	473
2010	4135	10147	292	13084	4312	2562	1003507	328387	2598	1821	986	563	171790	1418	722	566	705	176	316	266	310
2011	4646	11566	385	14663	5021	2774	1009499	369523	2627	1879	903	522	149203	1561	762	736	854	238	285	275	260
2012	4278	10730	370	13933	4716	3292	1006807	414005	2556	1626	769	508	149343	1384	796	900	826	247	281	292	223
2013	3954	10683	391	13730	5554	2602	1215303	444427	2378	1740	748	531	146355	1210	751	964	808	284	256	261	186
2014	3425	9998	362	12819	5175	2715	1206297						143199	1047	734	860					

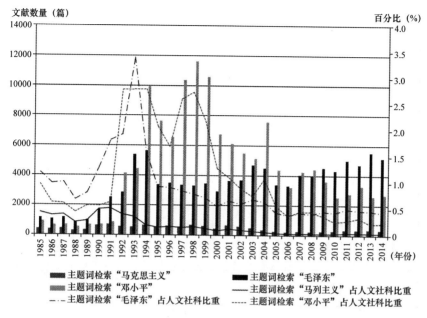

文献数量（篇）

百分比（%）

图例：
- ■ 主题词检索"马克思主义"
- ■ 主题词检索"邓小平"
- —— 主题词检索"毛泽东"占人文社科比重
- ■ 主题词检索"毛泽东"
- —— 主题词检索"马列主义"占人文社科比重
- ---- 主题词检索"邓小平"占人文社科比重

图2　期刊文献跨期数据Ⅱ

2. 图书出版物数据

在读秀知识库中图书的分年度数据最早是从 1986 年开始的，而由于数据的滞后性，《中国出版年鉴》的数据目前只提供到 2013 年。此外，受限于读秀知识库的检索功能以及图书和期刊文献在信息标志等方面的差异，我们在 2016 年 1 月 20—29 日期间再进行了多种方法尝试后，最终采用了如下搜集和检索得到的数据（数据项排序承接以前）：S8：查阅《中国出版年鉴》，按年度提取了 1986—2013 年的年度总图书出版种数。S9：在"读秀—图书—全部字段"条件下，中文检索"马克思"后，按年度查列 1986—2013 年数据。S10：与上一项相同条件下，中文检索"毛泽东"后，按年度查列 1986—2013 年数据。S11：与上一项相同条件下，中文检索"邓小平"后，按年度查列 1986—2013 年数据。S12：与上一项相同条件下，中文检索"列宁"后，按年度查列 1986—2013 年数据。

通过上述方法得到数据（见表 1）后，再将 S9、S10、S11、S12 数据分别按年度除以 S8 数据，计算每一种检索结果占所在年度总图书出版种数的比重。如此，本研究进一步得到 4 项占比数据。根据这些数据，得到图 3。

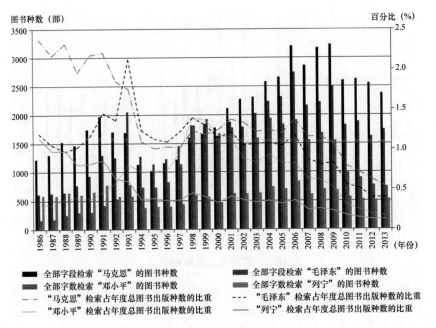

图3 图书出版跨期数据

（二）对数据图的初步分析

分析图 1 和图 3 所示数据的整体性、趋势性变化，可发现在研究期间内存在以下明显的特征：第一，马克思主义相关文献的数量规模整体上处于上升趋势，但所占比重却表现出明显下降趋势。这说明，一方面，马克思主义相关研究的数量规模一直以来存在长期增长的趋势，但这种增长可能与整个人文学科期刊文献数量和图书出版数量整体增长有一定关系；另一方面，用比重指标在一定程度上去除期刊文献数量和图书出版数量整体增长带来的影响后发现，马克思主义相关研究的长期增长趋势滞后于整体数量的增长。这符合人们的一般理解。

第二，以学科设立为界，从 2006 年开始，马克思主义相关的研究，无论是期刊文献还是图书出版数量都出现了明显大幅增长，比重指标也表现出一定的反弹迹象。这在一定程度上说明，马克思主义理论学科的设立促进了马克思主义相关研究的发展。或者说，这证明了马克思主义理论学科设立后的确促进了马克思主义研究的发展。

第三，特别应该引起注意的是，与"马克思"直接相关的规模指标，尤其是期刊文献数据指标，在 2011 年前后一定时期内都达到了一个峰值，并从 2012 年开始出现了回落。期刊文献数据的比重指标也同样表现出了这一特征。这是一个超出一般人预期的结果，这意味着由于某种原因，马克思主义的相关研究在 2011 年后开始受阻。

第四，图书出版数据的规模指标在整体上升的同时，表现出了多次反复升降，而其比重指标则在 2006 年后一直处于下降趋势。这说明，在当前图书出版模式下，人们对马克思相关的系统研究、图书编著和出版资助的投入虽然都有所增加，但是相比于整体的图书出版规模的增加，这种规模增长的比重却一直处于下降的趋势中。这也在一定程度上说明，人们在马克思主义理论学科设立后投入的增加，并没有达到社会对整体文化领域投入的增加水平。

第五，整体比较期刊文献数据图和图书出版数据可以发现，虽然两者在关键时点上的变化趋势是一致的，但相对而言，期刊文献数据较图书出版数据的图形更加平滑，趋势性更明显，而且图书出版数据指标还多次出现断崖式下跌。这意味着，一方面期刊文献数据对研究变动状况的反映更加精准，另一方面图书出版可能更容易受到一些不确定因素的影响。

（三）对研究方法的检验分析

将图 1、图 2 和图 3 结合起来进行分析，可以发现本研究所采用方法的有效性的证据。具体有以下几点。

第一，所有检索条件下得出的数据都具有一定的变化规律，没有出现不可理解的异常数据点，且多数都与人们的一般性认识相一致。比如，在图 2 中，以"邓小平"为主题的文献数量，无论基数还是占比，在 1992 年后有一个大幅度攀升，这与邓小平"南方谈话"以及党的十四大报告对邓小平同志建设有中国特色社会主义理论做出科学的概括紧密相关；而相同的指标从 1997 年开始又有一次大幅攀升与党的十五大明确提出和使用"邓小平理论",并把邓小平理论确立为党的指导思想明确写进党章有关。

第二,所有数据,除去前述的特殊点外,都表现出了相类似的变化规律。这在图2中,无论是柱状图还是折线图,其变化趋势均具有类似"平行"的一致性,而在图3中也有稍弱但却类似的这种"平行"现象。这说明马克思主义的相关研究是紧密相关的,当某主题的研究兴起时,就会带动整个马克思主义相关研究的兴起;同时也说明,本文中的数据指标所反映的马克思主义的相关研究的变化情况是有效的,本研究方法所得出的证明和结论是有效的。

第三,在期刊文献检索数据中,对"马克思主义"进行"篇名"检索和"主题"检索分别得到的数据,从其占人文社科文献总数比重情况看,其基本波动变化趋势一致;但是两者相比,"篇名"检索得到的数据,无论基数还是比重,其反映的规律性变动都不及"主题"检索明显,因此,接下来的期刊文献研究将主要采取"主题"检索的方法。

三 细部数据及其统计分析

(一) 细部研究的目标和方法

上述研究已经初步证明,马克思主义理论学科的设立促进了马克思主义理论的发展,但是这一发展从2012年开始表现出了受阻的迹象。为了进一步考察马克思主义理论学科的设立对马克思主义相关研究的影响,接下来准备以马克思主义理论学科设立时间为节点,对2005—2014年的期刊文献和2005—2013年的图书出版的细部数据加以深入研究。

目标一:验证马克思主义理论学科设立后,其对马克思主义相关研究的促进是仅仅在于量的提升,还是也确实推进了马克思主义相关研究水平的提升。实现方法:基于CSSCI期刊的权威性,本文认为,CSSCI期刊文献的数量变动情况可以反映较高水平的理论研究的变动情况,接下来将针对CSSCI期刊来源的文献检索数据来查验上述研究目标。

目标二:验证在学科设立初期,基于对纯"学科设立"相关讨论在马克思主义相关研究的发展中,发挥的是研究文献的"数量填充者"角色,还是"研究促进者"角色。实现方法：通过增加"学科"和"课"相关检索条件，考察与学科问题相关的文献数据和其他数据，并进行对比。

目标三：考证马克思主义相关研究在近期下滑、受阻的原因。实现方法：结合期刊文献数据、社会背景和学科历史事件综合分析。

目标四：考察在图书出版数据中是否存在佐证期刊文献数据的辅助证据。实现方法：在读秀知识库中，分学科筛选检索相关词条得到相关数据后，进行比较分析。

（二）细部数据的采集和整理

在 2016 年 1 月 7—16 日的不同时间内，在"CNKI 首页—高级检索—期刊"路径下，经过多种方法实验后，最终采用了如下文献检索数据：S13：对"来源类别"只选择"CSSCI"后，无关键词检索，得到全部 CSSCI 期刊的文献数据后，按年度查列 2005—2014 年数据。S14：对"来源类别"只选择"CSSCI"后，选取"主题"检索词"马克思主义""精确"检索，按年度查列 2005—2014 年数据。S15：选择"高级检索"，对"来源类别"只选择"CSSCI"后，选取"主题"检索词"马克思主义"并含"学科"，并且"主题"检索词"马克思主义"并含"课"，"精确"检索，按年度查列 2005—2014 年数据。这一检索结果被认为反映了主要涉及马克思主义理论学科和其课程建设（即马克思主义纯学科问题）的高级别期刊论文的数据情况。S16：选择"高级检索"，对"来源类别"只选择"CSSCI"后，选取"主题"检索词"马克思主义"后，增加三个"作者"检索，在"不含"条件下，"作者单位"分别输入检索词"马克思""思政""政教"后，选择"模糊"检索（选择"模糊"检索，意味着只要同时含有条件中的所有文字，就视为符合检索条件，之所以如此检索，是因为在现实中，很多具有教学背景的研究机构的名称不一，甚至在文献发表时用简称，但是一般不超出上述字词涵盖的范围），按年度查列 2005—2014 年数据。这一检索结果被认为反映了非思政教学背景研究机构的高级别期刊论文的数据情况。

通过上述方法得到数据（见表1）后，再将第9、第10项数据分别按年度除以第8项数据，再用第9项数据分别按年度除以第7项数据，计算在不同条件下的数据占比情况。如此，进一步得到3项占比数据。根据这些数据，得到图4和图5。

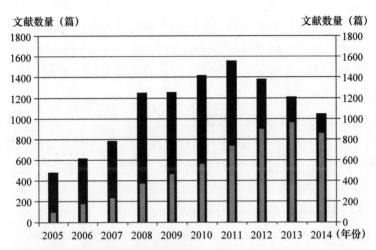

图4　期刊文献细部数据 I

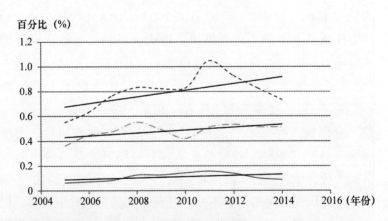

图5　期刊文献细部数据 II

在 2016 年 1 月 23—29 日的不同时间内，在"读秀首页—图书"路径下，经过多种方法实验后，最终采用了如下文献检索数据：S17：在"读秀—图书—全部字段"条件下，中文检索"马克思"，在学科分类中点击"政治、法律"后，按年度查列 1986—2013 年数据。S18：与上一项相同条件下，在学科分类中点击"马克思主义、列宁主义、毛泽东思想、邓小平理论"（以下简称"马列毛邓"）后，按年度查列 2005—2013 年数据。S19：与上一项相同条件下，在学科分类中点击"经济"后，按年度查列 2005—2013 年数据。S20：与上一项相同条件下，在学科分类中点击"哲学、宗教"后，按年度查列 2005—2013 年数据。S21：与上一项相同条件下，在学科分类中点击"文化、科学、教育、体育"（以下简称"文科教体"）后，按年度查列 2005—2013 年数据。

通过上述方法得到数据（见表 1）后，再将 S17、S18、S19、S20、S21 数据分别对照相应年度除以 S8 数据，计算在不同学科数据的占比情况。如此，进一步得到 5 项占比数据。根据这些数据，得到图 6。

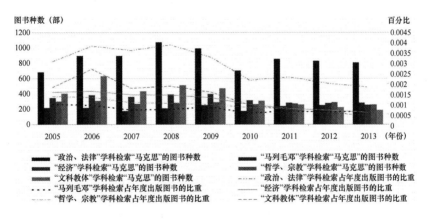

图 6　图书出版细部数据

（三）对数据图的初步分析

分析图 4 可以发现，马克思主义相关研究在 CSSCI 期刊发表的数量变化的整体趋势与其全部期刊文献数量的变化趋势一致，都是在 2005

年后有明显较大幅度的增长，且都在 2011 年后开始下滑。并且根据图4 所示，马克思主义相关研究在全部 CSSCI 中的占比具有的明显上升趋势要快于其在全部人文社科文献占比的上升趋势。这表明，马克思主义理论学科设立后，不但促进了马克思主义相关研究的量的提升，也确实推进了其研究水平的提升。

根据图 5 可以看出，对马克思主义纯学科问题的研究变化幅度并不大，一直处于比较平稳的水平，而马克思主义相关研究的 CSSCI 的整体情况却表现出明显大幅增加，这意味着马克思相对高水平研究文献的增加并不仅仅建立在关于学科的讨论上。或者说，对纯"学科"设立及规范问题的讨论在马克思主义相关研究的发展中发挥的角色并不主要是"数量填充者"，而切实是"研究促进者"。

根据图 4 还可以发现，非思政教学背景研究机构对马克思主义高水平的研究，也同时受到了马克思主义理论学科设立的推动（这里不能排除与"马工程"有关，但由于"马工程"所涉也主要与马克思主义理论学科相关，所以在本文暂将两者影响视为一致），出现了明显增长。但值得思考的是，在这种推动中，非思政教学背景研究机构的相关研究的增长要晚于整体增长，这意味着，马克思主义理论学科的设立对非思政教学背景研究机构相关研究的推动要晚于对整体（其中主要是思政教学背景的研究机构）的推动。而且进一步分析发现，非思政教学背景研究机构的研究文献虽然在整个数据的最后也出现了下滑，但其下滑的时点同样晚于整体趋势。这就更加说明，对马克思主义相关研究的发展与受阻与"学科"事件有关。因为，学科的设立直接与思政教学背景机构有关，所以其对主要由思政教学背景机构支撑的整体研究的推动作用显效比较早，相类似的整体研究的受阻也应该与学科的某一事件有关，正是因为如此，主要由思政教学背景机构支撑的整体研究的受阻作用显效比单纯非此类机构受影响也较早。由于两者下滑差异开始于2012 年，那么，如果我们能找到在 2012 年发生了什么比较重大的事件是仅限于思政教学背景机构，而不涉及非背景机构的，那么这一事件就极有可能是阻碍思政教学背景机构的马克思主义研究发展的主要原因。总结而言，如果说"学科的设立"直接推动了马克思主义相关研究的话，那么，马克思主义相关研究受阻的主要原因也应该与"学科的××"事件有关。

根据图6可以发现，在学科分类的图书出版数据中，除去"哲学、宗教"类中的"马克思"相关图书一直规模比较稳定外，其他学科都从2006年开始有不同程度的规模增长，但其中的比重指标却只有"政治、法律"类和"文科教体"类图书从2006年开始有一个比较明显的增长。这意味着，除"哲学、宗教"类外，其学科分类中的"马克思"相关图书都受到了学科设立的影响出现了规模增长，但是其中只有"政治、法律"类和"文科教体"类图书受影响比较明显。从图书的细目来看，"政治、法律"类中的相关图书主要是涉及马克思主义的政治、社会相关热点问题的图书，"文科教体"类的相关图书主要是涉及马克思主义的教材、教辅类图书。

四 结论和余论

（一）主要结论

本文的研究从文献数据的角度进一步证明，马克思主义理论学科的设立，无论在规模上还是质量上都切实提升了马克思主义相关理论研究的发展。这一结论弥补了以往主要从学科点设置和师资队伍结构变化论证马克思主义理论学科促进马克思主义发展的缺陷。

数据研究表明，在马克思主义理论学科设立背景下，马克思主义相关理论研究的发展明显地从2012年开始受到阻碍。这是以往的研究所没有明确提出和证明的。

数据迹象显示，马克思主义相关理论研究的受阻可能主要与2012年某一主要限于思政教学背景机构的事件有关，更直接而言，可能与学科自身的某一事件有关。

数据研究显示，学科设立对马克思主义理论学科的推进突出表现在两个路径上：一是热点问题的研究，二是教材、教辅的编写。

（二）余论

在上述结论中，本研究的主要贡献并不在于用一种新的方法再次验证了马克思主义理论学科设立对马克思主义发展的重要意义，而主要在于得到了两个新发现：马克思主义相关研究的发展从 2012 年开始受阻；这种受阻可能与某个学科事件有关。这两个新发现直接与马克思主义理论学科的未来发展紧密相关，因此意义重大，亟待深入研究，以便找出有利于马克思主义理论及其学科未来发展的对策。这在马克思主义理论学科设立十周年这一回顾过去、谋划未来之际，尤为重要。然而，限于本研究的主题和篇幅，这一论题只能另文探究。此外，上述第四项结论启示我们，加强对热点问题的研究是推进马克思主义理论学科增长的一个切实路径。

《资本论》中的"性情马克思"

——基于 R 语言安装包的文本情感分析*

王建红　冉莹雪

一　R 语言 Syuzhet 安装包及说明

（一）Syuzhet 安装包介绍及其适用性

R 语言是一个优秀的数据分析和制图的软件环境，它的设计提供了广泛且多样的统计性与图形化技术，并且具有很高的可扩展性。它的优势之一在于其设计优良的高质量的作图效果与数学符号及公式的应用。其中，基于 Syuzhet 安装包做出的图即为从文本中提取情感和情感衍生的情节弧，集数据统计分析与数据可视化于一体，它附带了四个情感字典，并将其科学整合以方便 R 语言用户的使用。不仅如此，它也提供了一种能够访问并使用由斯坦福自然语言处理团队开发的情感提取工具与绘弧标准化等多种方法。基于 R 语言 Syuzhet 安装包的情感分析能够对广泛庞杂的文本大数据高效整合与分析，使得文本情感的获得更加科学与便捷。

具体而言，这种情感分析方法是将自然语言文本作为分析对象，将每个单词的情感值按其内部情感词典的标准模型进行分值评估，基于正向情感词汇的情感值大于 0，负向情感词汇的情感值小于 0 的评判标准

* 原文刊发于《海南广播电视大学学报》2020 年第 2 期。

（绝对值越大表示情感倾向越显著），最后以"句"为情感分值计算单位，将其进行内部整合与算法结合计算得出该句的情感值。到目前为止，由于 Syuzhet 安装包在英文文本的分析处理中较为成熟与全面，不必进行分词、停用词添加等烦琐处理，但鉴于其程序开发还未涉及中文语言的分析与处理，所以这一工具在国内自然语言处理、图像处理等方面还未有广泛应用。也正是因此为中国学者对于国外自然语言的大数据分析与研究提供了可靠的研究思路与技术方法。

具体到《资本论》情感趋势与文本内容比较分析，由于其堪称科学巨著，包含 3 卷内容，全卷里英文单词多达 95 万余字，这无论对于初学者或是有待对其深入研究的学者来说通读全 3 卷都是较为庞大与复杂的工作。基于数理统计的 Syuzhet 情感分析工具包，可以在较有效地降低主观因素倾向性干扰的前提下准确掌握文本语言整体的情感演变，根据结果，再通过定量和定性研究结合方式，便能得出更为客观的评判，使结论更具说服力。

（二）研究过程及说明

1. 文本预处理

首先是获取研究对象的电子文本。鉴于上述说明且为使分析结果更为准确可靠，本文以英文文本为语言处理对象，其电子文本来源版本为 *Kral Marx's Capital*①。其次，本研究对获取的上述电子文本进行了格式转化，以适应 R 语言环境下的格式要求。之后，对格式转码后的文档进行关键处理，手动删除无用于或干扰到数据处理和情感分析准确性的脚注、章节目录、表格、计算公式等，以避免对其自动分句处理、情感计算、整合等过程造成影响。最终共去除十万余单词、数字（和字符），并以最终的 28919 句英文文本为分析对象。

2. 分析过程说明

本研究具体的文本内容分析对象为《资本论》全 3 卷整体情感趋势曲线中高峰、低谷区间中所对应的原文，所以在出现具有显著特点的

---

① 卡尔·马克思:《资本论》全 3 卷，弗雷德里克·恩格斯编，塞缪尔·摩尔和爱德华·艾夫林译，苏联莫斯科 Progress 出版社 1887 年的第 1 版英语译本。

情感曲线波段上进行标注并通过横坐标上标注的句子数量进行对应范围的截取并定位原文。其具体操作过程操作如下所示。

（1）情感值曲线的生成

鉴于 R 语言 Syuzhet 安装包下涉及的情感分析功能众多，基于本研究文本的特点与研究目的，将主要以下列两点作为生成情感值曲线对应函数功能的选择依据。

其一，降低噪声。由于文本对象句数众多，每句话的情感值体现在作图中会生成密集且变动剧烈的曲线且结果易受极值影响，所以在这里使用 zoo∷rollmean 命令通过滚动平均值的计算对曲线进行降噪处理。

其二，平滑处理与拟合。去噪之后的曲线还未能展现较为明显的整体情感趋势，为了可视化效果更佳，这里使用 get_ dct_ transform 函数来通过使用离散余弦变换（DCT）代替快速傅里叶变换，以更好地展现边缘值在情感向量中的平滑版本。其中还包括在 low_ pass_ size 命令中对曲线的平滑程度进行设置，当其值设置为 10 时，拟合效果最佳，为 2 处低谷与 2 处高峰；但由于拟合处理在一定程度上会使波动范围发生偏移，所以本研究以设置值为 12 时生成的曲线图为基础，重点分析最高峰与最低谷以及具有代表性的曲线段。

（2）定位原文

在情感值曲线生成后对高峰、低谷区间内的曲线进行标记，并通过截取显著转折点作为划分定位范围的依据。为使定位结果更加精准，通过定位到的范围内的首句与尾句，摘取其区间内的所有文本，并按照句子语序进行 2 次情感值曲线作图。作图后通过比对整体情感趋势变化中的该部分，对定位范围进行缩减或扩大调整。需要说明的是，本研究中定位范围的首句与尾句都已归属到其属原文的具体章节，并最终以章节序号为定位范围划分。

二 数据结果分析

（一）整体情感趋势分析

在对于 *Kral Marx's Capital* 全 3 卷对象文本进行处理后，首先得出基于原始情感值曲线的降噪曲线（见图1）。

从图1可直观看出，马克思在全3卷的表述中情感起伏较大，其中有高于分值为10的正向情感，以及低于分值为－5的负面情感，且分值集中在［－5，5］区间内的句子数量众多；拟合的曲线也具有较明显的波动起伏，整体以情感值0为基准点展开分布。由此可见，此著作的书写与表达凝结着作者丰富且饱满的情绪，而非只是平白叙述以追求所谓的客观性与科学性。

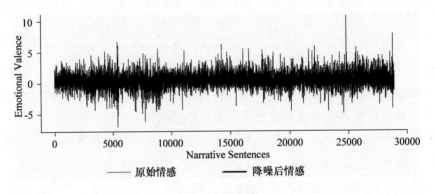

图1　降噪曲线

从文本内容角度看，在资本主义生产方式的内在矛盾突显、无产阶级与资产阶级激烈斗争的社会背景下，马克思代表着无产阶级的利益，以浓厚的阶级情感来书写《资本论》，他以唤起工人阶级和一切劳动人民起来革命为口号，用推翻资本主义制度、创建社会主义社会的目标为指引，毫无隐藏地表达出其愤怒的激情和磅礴的气势①。

为了使文本的整体情感趋势更为可读，得出基于原始情感值曲线的平滑与拟合处理后的曲线（见图2）。

经过平滑与拟合处理后的情感曲线可得出《资本论》的情感在整体上为上扬趋势，虽经历两处显著的低谷曲折，但曲线后半段总体情感发生趋势为正向，且完整曲线中明显划分为正负两向情感走势曲线。经

———————————

① 张克文：《论马克思的语言风格》，《上海行政学院学报》2000年第2期。

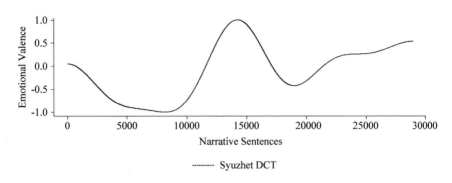

图 2 平滑与拟合处理曲线

过拟合后的情感值分布范围有所缩减，其处理依据基于 R 语言的内部算法最终得出拟合后的情感值居于 [-0.1, 1]。

对应到文本内容后，可大致得出全 3 卷全文前 1/3 的文本情感较为负向，其之后虽呈上升趋势并在文本中间部分到达顶峰，但在后 1/3 处也出现了情感值大于零且相对较为平缓的叙述。

（二）情感趋势变化的具体分析

由于拟合处理会在一定程度上使高峰、低谷对应的句子范围出现偏移，故在此使用拟合程度较低的情感趋势图作更为具体的探讨（见图 3）。

由图 3 可见，全文情感趋势曲线按照其波动情况共标记 8 处，H1 - H4 与 L1 - L4 分别表示高峰（High）与低谷（Low）范围，高峰与低谷划定具有相对性，其中情感高峰 4 处、情感低谷 4 处，下面将按照行文顺序对标记处进行文本①对应说明。

全书开篇通过对商品、货币等概念的引入表达出马克思对于资本主义制度对推动社会新变化的肯定，其情感呈正向态势但随着叙述的递进由情感值 0.5 处开始逐渐递减。情感趋势曲线第 1 处低谷（L1）的情感值介于（-1，-0.5），原文对应主要集中在第 4 篇（相对剩余价值的生产）的第 13 章（机器和大工业）部分。在这部分论述中，马克思从对个别企业的微观研究入手，对资本主义社会暴露的问题与各种剥削

---

① 马克思:《资本论》（全 3 卷），人民出版社 1975 年版。

现象进行严厉的批判，特别是提到现代工场手工业中对廉价劳动力和未成熟劳动力的剥削以及打压时，他采取原话引用、数据列举等表达方法，并结合丰富的采访调查资料、实际观察情况作为佐证和引例，揭露了资产阶级为了获得利润而利用残酷手段、机器工具压迫无产阶级的种种罪行。资本的生产过程实质是资本家剥削雇佣工人的剩余价值，资本的生产过程核心就是剩余价值的生产①。对这一核心问题的阐述，马克思在两篇章节的基础上总结了剩余价值理论，揭示出掩盖资本主义经济关系本质的假象同时，又结合丰富的个人情感与卓越文采，饱含对无产阶级所受遭遇的同情与怜悯，并站在他们的立场，用尖锐犀利的眼光、辛辣讽刺的语言对资本主义社会进行强烈的抨击与批判。

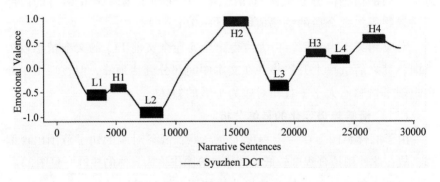

图3　范围标记曲线

第1处高峰（H1）的情感值略高于L1，但其值范围始终在（－0.5，0）之间，且较为靠近情感值－0.5，这说明此部分的论述情感虽较上部分相比有所缓和，但论述的问题与现象仍体现出较显著的负面倾向。原文对应到第1卷第7篇（资本的积累过程）第22章（剩余价值转化为资本）至第23章（资本主义积累的一般规律）第4小节。马克思通过对这部分的理论阐述与相关事实论述，对"扩大规模的再生产的资本主义形式"开展深入挖掘。此部分引用的案例与访谈少于上一

---

① 张若愚：《基于文本情感分析的江西省5A级景区网络口碑综合评价》，华东交通大学，硕士学位论文，2017年。

部分且对于规律、理论的客观表述增加，所表达的激烈负向情感随之略有减少，这也是情感值较之前有所上升的原因。

　　情感趋势曲线的第 2 处低谷（L2）也是整体曲线中情感值最低部分区间，其值到达最低点并在很大程度上接近情感值 −1。原文对应到第 1 卷第 7 篇资本的积累过程部分，具体到第 23 章第 5 小节（资本主义积累一般规律的例证）至第 24 章（所谓原始积累）。在涉及资本主义积累的一般规律的例证阐述与解释时，马克思大量引用医生、经济学家的调查研究来体现英国一些地区在资本主义社会资本的积累过程中对穷苦人民造成的灾难与打击，说明了资本在积累的同时，贫困、劳动折磨、受奴役、无知、粗野和道德堕落也在积累。

图 4　情感最低区间范围词云图

　　图 4 展示了此部分的负向情感词汇词云图。可以大体看出"slavery"（奴隶）、"poor"（贫穷）、"death"（死亡）、"misery（悲惨）、"oppressed"（虐待）等词为负向情感，其选自情感值为负值部分的文本，马克思用压抑低沉的词句生动描述了原始积累带给劳动者的痛苦与灾难。就所谓原始积累来说，马克思在这一部分对以暴力方式剥夺劳动者而实现资本原始积累的现象进行严厉批判，马克思认为资本主义的原始

积累过程就是征服、奴役、掠夺、杀戮过程。其中在讲到资产阶级对于工人、妇女、童工的压榨与剥削行径时，更是直言不讳地用言辞激烈的语言对事实进行描述。不仅如此，他还曾概括地说："暴力是每一个孕育着新社会的旧社会的助产婆。暴力本身就是一种经济力。"① 此外，行文中形象化的表述更是引人入胜，通过运用不同写作手法使理论命题形象可观，例如，"资本来到世间，从头到脚，每个毛孔都滴着血和肮脏的东西"②。这大大加深了读者对他的叙述的理解，从而引起广泛的共鸣与支持，这也正是在当时社会背景下无产阶级将《资本论》视为圣经的原因之一。值得注意的是，马克思在阐述资本主义积累的历史趋势时，更是对第 1 卷关于剩余价值的相关论述达到了极致，不仅揭示了资本主义私有制必然灭亡的客观规律性，更突出了资本主义私有制为公有制所代替的历史必然性，也为未来新社会的构建奠定了理论基础。正如他在谈及此话题时内心激动地写道："这个外壳就要炸毁了。资本主义私有制的丧钟就要响了。剥夺者就要被剥夺了。"③

第 1 卷以压抑又愤慨的批判语气为感情基调，随着行文的推进以及第 1 卷内容的结束，全书的情感开始出现较为明显的变化与转折。整体情感趋势曲线中的第 2 处高峰（H2）为全书中情感值最高部分区间且集中分布在（0.5，1），集中趋向于情感值 1，原文对应第 2 卷第 2 篇第 15 章（周转时间对预付资本量的影响）至第 3 篇（社会总资本的再生产和流通）第 19 章（前人对这个问题的阐述）部分。从第 2 卷开始，对于资本的生产过程研究就转为对其流通过程的剖析，其中心是分析剩余价值的实现问题④。

图 5 展示了此部分的高频词汇词云图。"capital"（资本）、"money"（货币）、"period"（周期）、"value"（价值）、"circulation"（流通）等词汇为核心主题。马克思通过对经济运行规律、经济范畴、流

① 马克思：《资本论》（第 1 卷），人民出版社 2004 年版，第 861 页。
② 马克思：《资本论》（第 1 卷），人民出版社 2004 年版，第 871 页。
③ 马克思：《资本论》（第 1 卷），人民出版社 2004 年版，第 874 页。
④ 李文阁：《马克思的认识观》，《现代哲学》2003 年第 2 期。

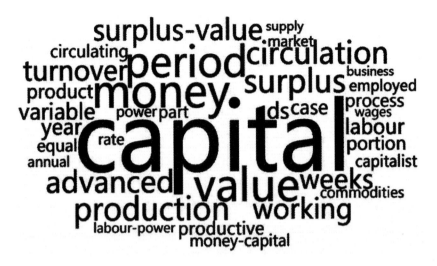

图 5　情感最高区间范围词云图

通过程等相关原理的发现与论述，大量使用科学规范的公式、数据来进行解释与说明，陈述性与说明性语言居多，词汇的情感表达偏正向。尽管第 2 卷与第 3 卷的出版还归功于恩格斯的整理，但其在整理叙述过程中未添加过多个人情感，而是尽可能完整准确地将马克思记录在手稿中的理论新发现展示出来。可见，对于资本运动中其复杂的本质和运动规律等经济原理的叙述偏重于客观性的解释与说明，这也为此部分内容的情感值达到顶峰的现象做出了合理解释。

　　第 2 卷的书写与整理以客观且规范的论述为主，它的结束为第 3 卷的开启提供理论上的必要准备。第 3 处低谷（L3）出现情感值急剧下降并分布在（0，-0.5）之间，且较接近于情感值 -0.5。具体原文对应到第 3 卷第 1 篇（剩余价值转化为利润和剩余价值率转化为利润率）的第 5 章（不变资本使用上的节约）至第 2 篇（利润转化为平均利润）。第 3 卷论述了资本主义生产的总过程，重点研究剩余价值在剥削阶级内部的分配问题①。特别是在论述不变资本使用上的节约部分时，

① 顾海良：《马克思的〈资本论〉及其经济学手稿》，《武汉大学学报》（哲学社会科学版）2003 年第 11 期。

马克思运用历史与逻辑相统一的叙述方法，列举了大量资本主义经济中的实际材料，如通过引用报告、采访等现实生产中的一手资料来对进一步印证所阐述的理论部分，即不变资本节约的形式所带来利润率的提高的根本原因就在于对大量剩余劳动的占有。在叙述中，马克思依旧运用锋利现实的文笔来抨击资本主义制度下资本家为获取更多利润而采取的种种手段、揭露了掩盖资本主义剥削的实质。

随着行文的推进，全书后 1/3 的情感开始向正向转变。第 3 处高峰（H3）的情感值范围位于（0，0.5）之间，原文对应到第 3 卷第 5 篇（利润分为利息和企业主收入。生息资本）的第 33 章（信用制度下的流通手段）至第 34 章（通货原理和 1844 年英国的银行立法）部分。这一部分内容要考察信用制度下货币流通的问题，虽然在叙述中也大量穿插着引用的证词材料，但多为大商人、公司股东等资本家的话语，他们用语言为自己辩护，故情感值偏正向与积极，这也是较之前几处高峰值所对应文本特点的不同之处所在。但马克思却以此种直接引入资本家原话方式作为揭露他们利用信用制度谋取暴利行径的方式。之后，随着第 5 篇最后一部分的叙述，特别是第 35 章（贵金属和汇兑率）部分，情感值达到第 4 处低谷（L4），但仅略低于 H3 并依旧介于（0，0.5）之间。此处叙述情感较为平缓，用客观平实的语言分析了信用制度与国际间货币流通的关系，虽其间穿插银行家的证词解释但叙述偏向原理性说明。整体情感趋势曲线的最后一处高峰（H4）仅略低于第 2 处高（H2），介于（0.5，1）之间。原文出自第 6 篇超额利润转化为地租中的第 39 章（级差地租的第一形式）至第 45 章（绝对地租）部分。这一部分主要围绕对地租范畴的原理性说明，加之借助大量表格、公式和数字列举来开展论述。在论述的语言中未过多体现对于土地所有者阶级的强烈批判，更多侧重于对这一经济现象的原理说明。而与之形成对比的是，此高峰处之后的情感曲线出现显著下降趋势，也正是在第 47 章（资本主义地租的产生）部分，马克思的批判情绪增加对土地所有者阶级的寄生性质进行了无情鞭笞，意在彻底揭露他们对社会生产力发展的破坏作用。

通过整体情感趋势曲线特殊区间的截取与对应原文的比对分析发

现，马克思高昂激烈的批判、雄辩理智的解释等充满感情色彩却又十分理性的叙述贯穿于《资本论》著作之中。可看出较有意义的现象是，文中 4 处低谷区间所对应的内容多涉及对于一些实证材料的引用以及人物观点的原述，富有较多浓厚的负面情感色彩词汇与形象化叙述，这也使得整体上马克思在第 1 卷对资本主义社会中的丑恶现象进行描述与批判时的情感色彩较为压抑与低沉。而文中 4 处高峰区间所对应的内容多为经济问题的原理性阐述，结合表格、公式等数据说明，学术性的叙述语言客观且科学，情感表达趋于平缓，这也足以能够说明后两卷内容偏注重对经济原理命题的论述与解释。

三 结语

《资本论》全 3 卷情绪整体趋势呈前低后高、前剧烈后平缓走向，第 1 卷中明显的情绪低谷与高峰区间的出现是马克思在沉着冷静地剖析了资本主义经济规律，了解了资本主义和资产阶级本质后的必然的情感反应，是马克思的全部情感和理智在与整个资本主义世界的斗争中迸发出的产物。第 2 卷和第 3 卷的叙述语言则较为客观与严谨，情感表达较平稳与缓和，重点在于用严肃且明确的语言说明资本主义关系中复杂的经济原理与命题，从而达到其揭示现代社会经济运动规律、推翻资本主义制度、最终实现共产主义社会的创作目的。

马克思用通俗易懂的叙述方法，深入浅出地展现了社会科学研究的叙事魅力所在。站在实证科学研究立场，从经济事实出发的理论研究更彰显了马克思的科学品格。虽其间以丰富的情感表达为论述基调，但无可否认他阶级立场与人民情怀的科学性，其"真性情"的流露便是对资本主义社会最真实彻底的揭露与批判。

毋庸置疑的是，《资本论》的写作与论述中心突出，结构严密，不仅是科学的逻辑论述体系，更彰显其是马克思主义最厚重、最丰富的伟大经典巨著。除了上述所提到的行文风格与情感特色外，为配合特定的语境，马克思还在论述时多次提到文学巨匠的作品、巧妙运用古代作家的诗篇以及恰当引用多国古老神话，加之以锋利的文笔、形象地表达来彰显其愤怒的激情和磅礴的气势，既饱含感情因素，也有理智成因。马克思在严谨客观的科学表述之外，其扎根劳动大众、立足穷苦人民的真切之感，体现了他在引导世界劳动人民争取彻底解放的号召下蕴含的深沉又饱满的人民情怀。可见，通过情感表达角度的特殊解读，体会情感流露的真切与严谨理论的相融，更足以深化对《资本论》这一伟大的科学著作的认识与理解。

瞿秋白《现代社会学》马克思主义中国化方法独特性新探
——基于 LAD 主题模型的文本比较[*]

王建红　李姿雨　赵鲁臻

瞿秋白的《现代社会学》是布哈林《历史唯物主义理论》的转译作品。从文本在马克思主义中国化中起到的作用来看，有研究者认为瞿秋白在转译的过程中对马克思主义哲学理论进行了系统阐述，并形成了独特的中国风格和中国特色。如路宽指出："从在同时期各种文本中的地位来看，《现代社会学》是在中国最早系统阐述辩证唯物主义的论著。"[①] 还有些学者认为，他的《现代社会学》第一次把辩证法与唯物论统一起来，推动了马克思主义在中国的传播[②]。从推动中国马克思主义社会学的建立来看，季甄馥认为瞿秋白的《现代社会学》阐明了社会学的若干基本问题，初步建构了中国的社会学理论体系[③]。还有学者认为，瞿秋白的《现代社会学》《社会哲学概论》等推动了马克思主义社会学的建立，堪称中国社会学的奠基人[④]。

至此，学术界主要从《现代社会学》对马克思主义哲学理论的系

＊ 原文刊发于《徐州工程学院学报》（社会科学版）2020 年第 2 期。

① 路宽：《瞿秋白的〈现代社会学〉：马克思主义早期传播的典范之作》，《理论学刊》2015 年第 12 期。

② 谢建芬：《论瞿秋白对马克思主义中国化的贡献》，《东岳论丛》2001 年第 5 期。

③ 季甄馥：《略论瞿秋白的社会学思想》，《社会学研究》1992 年第 6 期。

④ 叶南客、韩海浪：《瞿秋白是中国社会学的奠基人》，《瞿秋白研究新探》2003 年第 2 期。

统阐述以及其推动马克思主义社会学建立的意义角度出发进行研究。但布哈林在《历史唯物主义理论》的导论部分称"历史唯物主义理论就是马克思主义的社会学"[1]，"然而瞿秋白的社会学思想是在历史唯物主义指导下确立的，但又不能完全等同于历史唯物论"[2]。两者在一定程度上有差异性，因而也鲜未挖掘瞿秋白是如何对布哈林《历史唯物主义理论》进行有效取舍，以社会学理论为桥梁吸引人们接受和理解马克思主义并进行理论传播的。

而 LAD 最大的优势就是能够避免人为主观因素，实现提取文本隐藏的主题信息。因此本文将利用 LAD 主题模型，将瞿秋白转译的《现代社会学》与原文献《历史唯物主义理论》转化为能够识别的数据信息，通过聚类进行两者文本的比较分析，尝试发现瞿秋白在早期转译过程中进行马克思主义理论传播的独特性。

一　研究方法和数据说明

（一）研究方法

本研究运用到的主要方法是 LAD 主题模型分析技术，它通过计算机的科学算法能够识别大规模的文档或发现文本语料库中隐藏的主题信息，进而形成自动的主题提炼。其基本思想是："文本看成是一系列潜在主题的概率分布，其中每一个主题都是隶属该主题的词条集的概率分布。"[3] 通过将目标文本转化为能够识别的数据信息，LAD 将用概率分布形式来表示每一篇文档若干主题的权重生成情况，在经过多次迭代之后，根据收敛最佳状况，最终输出多个不同主题的包含一定量概念词汇的词群，进行聚类分析。在进行 LAD 建模时，会预先对一些没有实际语义的词类进行剔除，如大多依附于实词的副词、连词、助词、叹词等，只保留形容词、动词、名词。这样不仅能有效提高 LAD 模型的系

---

① 尼布哈林：《历史唯物主义理论》，何国贤，李光谟译，人民出版社 1983 年版，第 7 页。
② 周建明：《瞿秋白：我国马克思主义社会学的创建者》，《学习与探索》1989 年第 1 期。
③ 刘启华：《基于 LDA 的文本语义检索模型》，《情报科学》2014 年第 8 期。

统性能，还能够降低建模周期。针对文本语义分析而言，LAD 所输出的结果非纯粹的统计数据，而是一组有意义的词群，人文社科学者能够依据这些词汇对文本进行更为准确的定性分析，克服人为研读的主观性，达到证实或证伪一些猜测。因此本研究将以这一技术作为核心研究方法，进而实现既定的研究目的。

具体到《现代社会学》与《历史唯物主义理论》的比较研究，由于其所包含的信息较为晦涩，通过 LAD 技术对著作进行主题分析，并运用定性分析和定量研究相结合的方式，便可以克服由于主观因素导致的干扰，使结论更具有说服力。同时借助主题模型技术，还可以实现对文本内容的归纳和文本分类，去除人工研读无法避免的主观性误差，发现一些以往研究的不足和未知点。

（二）研究过程和数据说明

首先是获取研究对象的电子文本，本次研究的电子文本来源为：《瞿秋白文集》（政治理论编）第 2 卷（人民出版社 1988 年版）、《现代社会学》（瞿秋白著，人民出版社 2013 年版）、《历史唯物主义理论》（布哈林著，人民出版社 1983 年版）。

其次，对已获取的电子文本进行了能够使 LAD 建模识别的文本格式的转换。之后，对格式转码后的两个电子文本进行了处理：以句为单位，分别对其进行文本切分。由于瞿秋白《现代社会学》只对《历史唯物主义理论》前四章进行了转译，为了文本比较的客观性，选取了《历史唯物主义理论》的前四章内容与之进行比较分析。因此最终将《现代社会学》切分为 1362 个独立的文档、《历史唯物主义理论》切分为了 1711 句，并将切分后的文档建立为一个独立的语料库。此后，将已储存好的语料库输入 LAD 模型进行运算，进行多次反复循环调整主题数和迭代次数，使最终输出的结果达到最佳为止。经过多次的反复实践结果表明，本研究最佳的主题数为 20 个，主题的词汇量选取为 20 个，最佳的迭代次数为 500 次。从结果来看，最终输出的主题和词群很好地反映了该著作的内容和特征，方法有效。

二　对 LAD 模型运算结果的分主题分析

根据 LAD 的运算方法和原理可以认为，每个主题内所包含的主题词之间能够形成一种相互的诠释，它们之所以能共同形成一个主题，是因为在文档中它们本身的概念内涵存在相对较强的关联性。这种关联性是基于对同一个大主题的表述而存在的，而之所以能共同表达一个主题，是因为主题词本身的概念内涵存在一定的相关性。由计算机进行 LAD 模型运算后，最终分别输出了《现代社会学》与《历史唯物主义理论》的 20 个主题及其词群结果，按权重高低筛选出与主题类具有强关联性的代表性主题，从而完成了相关主题的归类比较，结果分别见表1 至表 6。下面将对其中三大主题类的比较结果进行分析说明。

（一）原因与目的论

通过主题词的呈现进而索引文本，发现在阐释"原因与目的论"时瞿秋白注重采用对社会事实进行分类联合的社会学方法。结合当时中国的社会现状和社会情况，进行总结归纳，从而论述了在自然界、生物界以及人类社会中的客观规律。

表 1 呈现的是基于强关联性词语聚类而成的《现代社会学》中"原因与目的论"这一主题的词表，唯心目的论是指依附于宗教信仰，认为规律就是目的的规律性，而这种目的又是没有任何内在原因可言的。唯物主义原因论即强调万事万物之间的规律性，这种规律性，是生来存在的，是客观的规律性。

表 1　　　　　　《现代社会学》中的"原因与目的论"主题词

主题号	主题词
Topic8	目的、社会生活、日以继夜、玄妙、自然界、张君劢、事实、男女尊卑、纸币、法律、社会现象、原因论、社会现象、太阳、社会学、规律、造化、宿命、自发、春秋战国
Topic13	台湾、原因、博爱、阴阳、庄周、资产阶级、太阳、宗教、科学、玉皇大帝、生物、有意识、因果律、中国、社会现象、社会学、目的论、联系、生理、夜以继日

瞿秋白指出："春夏秋冬四季，难道不是轮转无舛；日以继夜，夜以继日，难道不是规律?"① 而目的论者却认为"自然界一切有灵，宇宙间一切有神""地上有皇帝、法官、地方疆吏，天上就有玉皇大帝……以至于一草一木都有神，神之间都有等第"②。可是中国古代的庄周已经说："复仇者不拆'馈干'，虽有忮心者不怨飘瓦。"③ 在此即可看出目的论者怨及不相干事物的荒谬性。因而可见"张君劢'所谓其所以然之故，至为玄妙不可测度'……简直与客观宇宙绝不能应用，而宇宙间的规律性，亦并非目的论的规律性"④。目的论者将上帝或神灵做靠山，把目的视为自然界乃至社会现象所自有的，是不可捉摸且具有隐藏性的一种"内力"存在。这就表明，目的论是一种违背科学的唯心主义理论。将自然神圣化，认为社会上的一切事物是由一些所谓目的而决定与支配的。

再者目的论者主张人类社会生活目的的总进步论，"所谓'虽变也，不趋于恶而必趋于善'（张君劢——《论人生观与科学》)"⑤，但是现实却是屡屡经历破坏，"中国的苗黎之中也有几种灭种了，台湾的土人，日本的虾夷，现时也差不多不见了。更有人人都知道的：春秋战国时的文化，古代的埃及……他们都已败灭了"⑥。如果按"目的论"来说，人类为一种社会生活定下了完美的目的，但结果却又出现了破坏和败灭。因此完美是与现时相对的，宇宙间万事万物的发生只能依"原因论"来解释。瞿秋白以自然界和社会中的客观事实否定了"神灵说"和"完美目的论"并引入当时的科玄之争，指出了目的论的唯心主义本质，与唯心主义划清了界限。

由此种种社会现象即可以发现目的论的荒谬性。瞿秋白指出，在考察一切自然和社会现象时都应从原因和规律的客观性出发，找出现象之

① 瞿秋白：《瞿秋白文集》第 2 卷，人民出版社 2013 年版，第 401 页。
② 瞿秋白：《瞿秋白文集》第 2 卷，人民出版社 2013 年版，第 406 页。
③ 瞿秋白：《瞿秋白文集》第 2 卷，人民出版社 2013 年版，第 405 页。
④ 瞿秋白：《瞿秋白文集》第 2 卷，人民出版社 2013 年版，第 405 页。
⑤ 瞿秋白：《瞿秋白文集》第 2 卷，人民出版社 2013 年版，第 404 页。
⑥ 瞿秋白：《瞿秋白文集》第 2 卷，人民出版社 2013 年版，第 409 页。

间的因果联系，超越和推翻一切神意，使人能够自主的运用这一自然力以及社会力量而不是寻求自欺的安慰。

表2　　　　《历史唯物主义理论》中的"原因与目的论"主题词

主题号	主题词
Topic5	资本主义、工人阶级、目的论、马克思、因果规律性、神学、思维、原因、意识形态、意识、信仰、无产阶级、政权、资本、恩格斯、转移、马克思主义、原因论、集体
Topic16	原因、真空、上帝、原因、马克思、商人、民族、因果性、教会、合乎目的、劳动、社会主义、必然性、施塔姆勒、目的论、定论、军队、有意识、形而上学、规则性

　　表2是原文献《历史唯物主义理论》关于"原因与目的论"具有较强关联性的主题。根据"资本主义""工人阶级""思维""真空""上帝""合乎目的""资本""民族""马克思主义"等主题词索引文本逻辑及其主要内容。

　　布哈林认为，"自然界和社会中的这种规则性（规律性），完全不以是否为人们所认识为转移"①，社会生活无论多么复杂和变化多端，只要找出这种联系，就能从中看出和发现一定的规律性。

　　布哈林指出，"首先我们应当驳斥没有谁提出的目的这个概念本身。这个概念就等于说没有思维着的人的思想，或真空中的风，或没有液体的潮湿"②。虽然"许多现象的'合乎目的'的构造是很明显的，社会的进步，动物物种的演进以及人类的臻于完善"③。但如果是立足于目的论去解释，就会显得粗鄙和荒谬。它的本质如同无形中的上帝，强行将宗教目的论运用到整个世界，与科学的观点根本对立；并对俄国目的论者煽动民族迫害以及施塔姆勒意识形态永恒化的目的规律性进行了批判。又认为，每一现象都有自己的内在原因。社会中存在某些现

---

① 尼布哈林：《历史唯物主义理论》，何国贤、李光谟译，人民出版社1983年版，第10页。
② 尼布哈林：《历史唯物主义理论》，何国贤、李光谟译，人民出版社1983年版，第16页。
③ 尼布哈林：《历史唯物主义理论》，何国贤、李光谟译，人民出版社1983年版，第14页。

象，就会有与其相适应的其他现象的发生。人类之所以逐步走向共产主义，主要是因为"凡是资本主义发展的地方，工人阶级就日益成长壮大。社会主义运动就会出现，马克思主义理论也会得到传播"①。因而在"解释某一现象，找出其原因，就是指找出它所依存的另一现象"②。即应找出各种现象之间的因果联系。

通过上述分析，本研究发现相比布哈林侧重从马克思主义理论本身出发，瞿秋白运用社会学中对社会事实和现象归纳的方法论原则，从中国的社会情况出发并紧密结合张君劢、丁文江"玄学论战"的社会背景，使理论贴近社会生活，更加具体形象地阐释了客观规律的存在。

（二）历史必然性

个人与社会的关系问题是进行社会学研究的一个基本问题。在阐释"有定论与无定论"时，瞿秋白遵循了布哈林《历史唯物主义理论》中"决定论和非决定论（必然与意志自由）"这一章节的基本逻辑，即从人和社会相互作用的两个形态出发阐释了"有定论与无定论"。但将原文献中的著作引用和以社会学理论为桥梁阐释无关的内容进行了部分删减与修改，使得文章变得更加通俗和流畅。

表3　　　　　　　《现代社会学》中的"历史必然性"主题词

主题号	主题词
Topic14	社会、有定论、无产阶级、社会生活、个人意志、感觉、生理、革命、奥太子、社会科学、无束缚、互动、定论、梅兰芳、个人、因果律、有组织、必然、宇宙、战争、劳动
Topic19	社会现象、有定论、意志自由、规律性、社会生活、无定论、必然、资产阶级、无组织、心理现象、战争、束缚、自由、有意识、结聚、袁世凯、法国、束缚、德国、偶然

由表3中Topic14"社会""感觉""生理""个人"和Topic19"意志自由""束缚"等可以看出，与"历史必然性"这一主题相关度较

① 尼布哈林：《历史唯物主义理论》，何国贤、李光谟译，人民出版社1983年版，第9页。
② 尼布哈林：《历史唯物主义理论》，何国贤、李光谟译，人民出版社1983年版，第23页。

高。以其中的主题词为线索可以发现，瞿秋白从社会学研究人与社会关系的两种形态出发阐释了"有定论与无定论"，探讨了个人意志自由问题，进而阐释了物质与意识的基本关系问题并进一步论述了社会组织性质与个人意志之间的关系。

一方面，社会向人的运动，社会对个人行为的影响和控制。瞿秋白指出"社会是由个人组织成的，而社会现象就是无数个人的感情、情绪、意志、行动积集而成的总体"①。又认为"人能想，能思索，能感觉，能自己定目的，能自己行动，所谓有所作为"②。例如"我要读杜工部的诗或是听梅兰芳的戏，我就去读去听，——都是我自己要的，自己选择的"③。强调了作为个体人的主观能动性。但是人的意志又由许多原因所规定，"人的感觉与意志完全联系于其机体及其所处环境"④。如瞿秋白所言："人吃了太多盐，他立刻就想多喝水，比平常多的好几倍，——他'自由的'要多喝水。等到这人吃盐不过分，他又'自由的'少喝水了。"⑤ 认为个人意志的自由是相对的和有条件的，意志的不自由也必定有其原因和联系。也就是意志要受到人的内部"生理"动机和外部"束缚"所推动，而最终内部需求和外部活动目的受到社会环境和物质世界的制约。从而说明了个人意识的自由决定于物质，且依赖于物质世界的发展。其感觉、意志和行为与外界有所联系且受其束缚。

另一方面，他从社会与个人之间的关系出发，对社会组织性质与个人之间的关系进行了阐释。在无组织的资产阶级社会中社会现象不代表个人意志，或随时随地规定个人意志，或与个人意志相背离。无数单个意志各自行动，结果与其所愿恰好相反；社会统治个人，个体往往感受到自生自灭的压迫性。在有组织的共产主义中则完全相反，"并不是说共产社会里的社会意志及个性意志绝对不受任何束缚；亦不是说共产主

---

① 瞿秋白：《瞿秋白文集》第 2 卷，人民出版社 2013 年版，第 419 页。
② 瞿秋白：《瞿秋白文集》第 2 卷，人民出版社 2013 年版，第 416 页。
③ 瞿秋白：《瞿秋白文集》第 2 卷，人民出版社 2013 年版，第 416 页。
④ 瞿秋白：《瞿秋白文集》第 2 卷，人民出版社 2013 年版，第 4190 页。
⑤ 瞿秋白：《瞿秋白文集》第 2 卷，人民出版社 2013 年版，第 419 页。

义社会之中人就变成了'超越自然的神'，绝对不受自然律的限制"①。
而是个体人仍然是自然界和社会的一部分，并受因果规律所支配，但人
能决定自己的意愿，社会已表示每个人的意志。理智社会的有组织性代
替了自生自灭的无组织社会，由此瞿秋白指出了共产主义社会中"必
然世界跃入自由世界"的理论。自由即有组织的性质，与无意识的自
生自灭相对立。在人获得自由时，他能够清楚自己为什么而做、应当做
什么和应该怎么做，即人能够实现和社会的双向发展。

表4   《历史唯物主义理论》中的"历史必然性"主题词

主题号	主题词
Topic6	无产阶级、社会现象、决定论、意志自由、斯宾诺莎、反布尔什维克、精神、马克思、精神病、个人意识、费尔巴哈、社会生活、无意识、社会、资本论、社会必然性、原罪、资本主义、偶然、法国
Topic13	命运三女神、马克思主义者、自然秩序、社会、宗教、必然性、配置、感觉、历史唯物主义、集体、工人阶级、意志自由、个人、非决定论、恩格斯、偶然、合量、因果、必要条件、社会现象

表4是与《历史唯物主义理论》中"决定论和非决定论（必然与
意志自由）"这一章节较为相关的主题词，从表4中可以看出《历史唯
物主义理论》中关于"历史必然性"的问题同样出现了"个人意识"
"社会现象""精神""社会""个人"等词，是瞿秋白遵循其社会学研
究逻辑在主题词表中的体现。但又呈现出"精神病""资本论""原
罪""自然秩序""命运三女神"等词。因而根据主题词回归文本并进
行进一步的梳理，发现布哈林在阐释"有定论与无定论"时除了从社
会与人的关系出发，还引用了大量马恩著作和其他理论家的观点进行理
论支撑。而瞿秋白对此进行了适当性删减，使得文章变得更加精炼和通
俗易懂。

例如，在阐释一切现象都服从于因果律时，布哈林举例"精神病

---

① 瞿秋白：《瞿秋白文集》第2卷，人民出版社2013年版，第424页。

人"的例子，将谢尔布斯基《格拉纳特百科辞典》、贝恩施坦《酒狂症》中关于"精神病"的分类与病因进行了论述。认为"即使在精神失常的状态下，因果律仍然是完全适用的"①，非决定论违反生活事实，不能解释任何现象，阻碍科学的发展。在阐释"历史必然性"这一问题时，将马克思资本论中蕴含的价值规律进行了货币社会必然性阐释，以及阐释了资本流通规律的可能性存在则建立在所生产的产品的价值高于劳动力的价值。瞿秋白考虑到当时中国社会民众了解和接受马克思主义理论的程度，对此进行了有意地删减，避免了理论传播范围的智识阶级化。同时"原罪"一词是布哈林引用布尔加柯夫《经济哲学》中的观点时出现的，"命运三女神"则是在阐释"有定论"和"宿命论"之间的区别时所提到的，在这里瞿秋白用中国的"八字""青龙白虎正宫七煞"进行了替换，创造了属于中国的社会话语语境，诸如此类的引用与替换在文章中均有多次体现。

（三）运动观

表5和表6是与阐释马克思主义运动观相关性最强的两个主题词类。从表5《现代社会学》中我们可以看到，"静力观""刻舟求剑""动象""相持""动力观"代替了表6《历史唯物主义理论》中的"运动""静止""暂时的形态""内部变化""运动着的物质"。在《现代社会学》首章，瞿秋白提到了现代社会学之父奥古斯特·孔德。孔德将社会学视为揭示支配社会现实的法则，将其划分为"社会静力学"和"社会动力学"并提出了三种方法论原则。第一，不能孤立地理解事实，应将其置于更大的背景中来理解；第二，任何地方的社会变迁都要经历相同的序列；第三，一个社会的各种因素是共同变化的。瞿秋白在孔德的基础上进一步将社会现象的观察法也分为两种，一种是"静力观"，一种是"动力观"，并从社会现象之间的动态联系，以及社会形态更替的一般规律入手，阐释了马克思主义的"运动观"。因此不难看出其对孔德社会学理论的借鉴。

---

① 尼布哈林：《历史唯物主义理论》，何国贤、李光谟译，人民出版社1983年版，第30页。

表5 《现代社会学》中的"运动观"主题词

主题号	主题词
Topic15	社会学、互辩法、资本主义、静观、宇宙、互动、精神文化、流变、变更、政党、唯心、刻舟求剑、唯物、制度、自然界、全局、均势、进化、部分、资本
Topic12	社会学、变迁、动象、唯物、动力观、相持、矛盾、数量、静力观、均势、变易、进化、唯物论、稳定的均势、社会现象、突变

表6 《现代社会学》中的"运动观"主题词

主题号	主题词
Topic7	运动着的物质、辩证、唯心主义、马克思、暂时的形态、变化、静止、黑格尔、孤立、精神、唯心主义、矛盾、黑格尔、绝对独立、社会形态、制度、渐进、规律、冲突、联系
Topic10	平衡、唯物主义、反革命、运动、劳动、联系、工人阶级、量变、阶级斗争、质变、静止、内部变化、飞跃、莱布尼茨、矛盾、辩证法、黑格尔、运动、世界革命、共产主义

从表5"流变""变更""变迁""动象"等主题词可以认为瞿秋白始终坚持社会变迁的"动力观",他认为社会间的现象并不是一成不变的,"宇宙的一切现象不断地相互联系,没有绝对与外界相隔离的东西",一切事物都处于"动"和"变"以及相互联系之中。

瞿秋白指出"物种的变迁,是显然的事实,无所谓造化的功能"①,人类、动植物乃至木石亦在变化,桌椅在几十年后会经历腐朽破坏,但不是完全不存在了而是经过木质离散变化,以另一种细末或化为泥土的形式仍旧在"动"和"变"。归根结底,没有一种事物是停滞不变的,且"研究一切现象,应当看到他们之间的联系,而不可以刻舟求剑的只见绝对的分划"② 强调了万事万物之间的"原因论"即规律性,且在考察一切现象时,要看各种事物之间的联系,看到它们的动象并观察它

---

① 瞿秋白:《瞿秋白文集》第2卷,人民出版社2013年版,第441页。

② 瞿秋白:《瞿秋白文集》第2卷,人民出版社2013年版,第442页。

们的变化。而 Topic12 中出现的"变迁"并不是专指人类的进化，在瞿秋白看来，政治组织、家庭制度、科学技术等社会生活的各个方面同样在不断的变更之中，譬如在社会历史中，人类社会的发展历程也在不断地运动变化并相互联系。社会形态经历了从奴隶制度、农奴制度再到军阀制度和资本主义制度的变迁，但是一切现象只是历史的过渡状态并不是永久不变。换句话说，它都有自己存在的独立性且不断转辗变迁。因此在研究一切社会现象时应在运动中把握各部分之间的动态联系，研究现象发生的原因、形成的必要条件以及其发展的动力，亦要观察其必然消灭的原因和发展倾向，而决不能静止片面及孤立地看待事物的发展。

　　且从表 5 中"全局""部分"等词可以索引原文，瞿秋白认为"一部分小有变动便能影响到别部分，牵动全局"①。人类的各种举动也会影响到自然界和社会的其他方面，影响也许很小，但这种影响是绝对存在的。正如农民在市场上卖东西，以为可以赚钱，然而由于与其他小生产者相联系，价格变低只能勉强不亏本，这是因为他没有事先知道世界市场的联系；资产阶级为了巩固资本而进行阶级剥削，反而引发了无产阶级的革命，是因为没有看到世界社会现象之间的联系。因此，宇宙间一切都是在动的，没有绝对与外界相分离的东西。

　　布哈林认为，世界就是运动着的物质，"需要从运动中，而不是从假想的静止中来考察它。这种运动的观点又叫做辩证法"，因此必须从绝对独立的状态中观察现象。而瞿秋白将表 6 "运动着的物质""暂时的形态""运动""静止""绝对独立"等阐释"运动观"的主题词变更为"流变""变更""变迁""动象""稳定的均势"等用词，两者相比可以看出，原著的用词以及理论阐释较为晦涩、难懂。正如瞿秋白对文艺大众化的翻译态度一样，"用大众听得懂的白话写作的文艺才能深入民众，才是真正的大众文艺"②。对于当时人们对马克思主义理论知之甚少的情况下，显然瞿秋白的社会化用词更加贴近普通民众的文化水

---

① 瞿秋白：《瞿秋白文集》第 2 卷，人民出版社 2013 年版，第 442 页。
② 刘雅静：《鲁迅与瞿秋白：在翻译理念冲突中的背后》，《河南师范大学学报》（哲学社会科学版）2013 年第 40 期。

平，从而在一定程度上能够促进人们对马克思主义理论的接受和理解。

三　结语

总结而言，通过 LAD 模型技术将瞿秋白的《现代社会学》与其转译的原著的文本进行主题词表比较，并结合文本分析发现，在《现代社会学》中瞿秋白以当时的社会学相关理论为桥梁，为马克思主义理论在中国的传播进行了便于理解的通俗化转译，为当时中国社会的各阶层民众接受先进思想提供了便利，这无疑是马克思主义中国化及其大众化的一种巧妙处理。瞿秋白运用社会学理论传播马克思主义思想的这种独特方法也启示我们，当代马克思主义理论的中国化和大众化也应善于与不同学科理论进行交流，在与其他学科理论相互诠释和借鉴中，提升理论的传播效果及影响力。

总体而言，本研究作为 LAD 主题模型对文本著作量化比较研究的初步尝试，所得结果尚具有一定意义，为已有的相关研究提供了新的证据，也为今后的此类研究提供了基础。当然本研究还存在一些不足：由于著作文本用词的时代性差异，现有的分词工具处理结果不太理想，导致主题聚类效能有所下降，在下一步的研究中，笔者将会继续丰富词典，确保分词的准确性，以提高模型运算结果的有效性。

验证与发现：高校思想政治理论课教学质量年成就新探

——基于 2016—2017 年期刊文献的文本数据比较[*]

康　超　王建红　屈朝霞　马燕鹏

一　引言

2017 年是教育部提出的"高校思想政治理论课教学质量年"，全国高校积极响应，在各个方面都取得了优异的成绩。总结这一建设年的成功经验，查找不足，是进一步巩固和提升高校思想政治理论课教学质量的必然要求。2018 年 1 月 16 日，教育部部长陈宝生在总结"教学质量年"经验成效时，用"导向正了""取向好了""风向变了""气象新了""志向大了"加以概括，指出在党的领导、学科建设、思政氛围、学生认同、责任意识等方面取得的成绩①。到目前为止，也有不少文献对此进行了总结，但大多具有高度的抽象性、概括性，而结合量化研究方法的实证性、经验性的更具说服力的研究成果相对缺乏。

基于此，本研究将借助 CiteSpace 文献可视化分析软件和 LDA 主题模型，通过分析、对比 2016 年和 2017 年相关期刊文献的主题和内容，

---

* 原文刊发于《渭南师范学院学报》2019 年第 2 期。

① 《总结"教学质量年"经验成效　吹响新时代思政课奋进号角　加强新时代高校思想政治理论课建设现场推进会召开》，2018 年 1 月 17 日，http://www.moe.cn/jyb_xwfb/gzdt_gzdt/moe_1485/201801/t20180117_324982.html。

以期对以往规范性文献提出的"质量年"的建设成就展开量化验证，进而发现一些尚未注意到的问题，以便对未来的高校思想政治建设工作提供更好的参考。

二 数据来源、方法与结果

（一）数据来源

本文以国内最大的知识资源平台——中国知网，作为数据检索源，选取质量相对较高的 CSSCI 和北京大学《中文核心期刊总览》来源期刊作为数据来源期刊类别，在"主题"检索方式下将检索条件设置为"思想政治教育"或含"思政"，且不含"小学""中学""军队""企业"主题，时间限定分别为 2016 年和 2017 年[①]，以使检索结果符合目标要求，最后再对检索结果进行人工筛查，剔除不相关文献。最终检索到有效结果 2016 年 1501 篇，2017 年 1706 篇，共计 3207 篇。

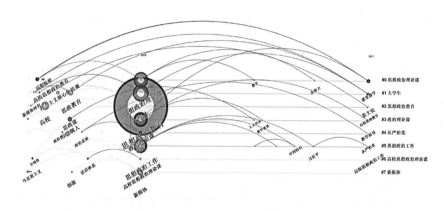

图1 2016—2017 年"思想政治教育"文献关键词变化趋势

---

① 2016 年 12 月 7—8 日全国高校思想政治工作会议召开，2017 年 4 月 20 日，教育部办公厅印发《教育部办公厅关于开展 2017 年高校思想政治理论课教学质量年专项工作的通知》，确定 2017 年为高校思想政治理论课教学质量年，两者本身有一定时间差，而期刊出版本身就具有一定滞后性，为更好地反映一年来的整体情况，满足研究的实际需要，本文选择整年为时间段，不再对时间区间进行调整。

（二） 基于知识图谱的数据计量结果

关键词是为了文献标引工作从报告、论文中选取出来的用以表示全文主题内容信息款目的单词 CiteSpace 软件运行的结果看，其网络模块化度量值（Modularity Q）和网络同质性指标（Mean Silhou-ette）均大于0.5，证明聚类可行，结果可信。

（三） 基于 LDA 主题模型的数据运算结果

LDA 主题模型是一种数字化的文本分析技术，它基于特定的计算机算法，可以自动提炼大规模文档数据中的主题及其相应的主题词，这一技术在自然语言处理、数据挖掘、图像处理和社交网络等方面已有较为广泛的应用。

本文将上面检索得到的 2016 年和 2017 年两个年度的 3207 篇文献全部下载后，将两年的文献分别建立 LDA 文本数据库，通过 LDA 主题模型运算，聚类分类，在主题书设置上，本文参考了文献①的方法，考虑到最佳输出效果和两个年度的可比性，将两个年度输出的主题参数 k1 值设定为 24，或术语，能够反映文献主题和中心思想，是文献内容的凝练表达。为了研究期刊文献所反映的 2017 年"质量年"的建设成就，本文借助 CiteSpace 软件的时间线（TimeLine）功能，输出了 2016 年和 2017 年文献关键词的变动情况图（见图 1），通过关键词在两个年度的变动关系展示比较，可以对"质量年"的整体情况和演进趋势进行宏观考察。从主题词参数 k2 值设定为 20，分别输出 2016 年和 2017 年各 24 个主题及每个主题所包含的 20 个主题词。在对少数输出的无意义主题词进行人工微调后，根据各自 24 个主题所包含的主题词的内容，对主题进行分别命名归类，并对两个年度的同类主题，根据相似度进行了归类比较，最终得到分年度主题对照表（见表 1）。

---

① 曹娟等：《一种基于密度的自适应最优 LDA 模型选择方法》，《计算机学报》2008 年第 10 期。

表1　　　　　2016—2017 年"思想政治教育"文献主题词

主题	2016 年主题词	2017 年主题词
指导思想	党、习近平、中国梦、人民、中国特色社会主义、党员、学习、中国、创新、总书记、讲话、事业、中国共产党、马克思主义、精神、内容、实践、领导、我国、国家	高校、习近平、社会、中国特色社会主义、总书记、中国、人民、大学、青年、党、正确、全国、讲话、我国、马克思主义、主义、认识、高等教育、会议、学习
教学内容 I	社会、主义、核心价值观、青年、思想、价值、培育、价值观、政治、引导、信仰、践行、实践、精神、理想信念、宣传、引领、价值观教育、高校、中国	社会、主义、民族、核心价值观、大学生、认同、教育、价值观、少数、价值、培育、国家、价值观教育、青年、践行、融入、责任、认知、地区、理想信念
教学内容 II	道德、大学、生命、生活、语文、文学、人格、精神、学习、家庭、我国、责任、个人、人生、作品、道德教育、知识、人文、国家、追求	社会、生活、教育、空间、现代、个人、价值、世界、人类、交往、自由、个体、活动、公共、生产、精神、现实、意识、道德、自然
教学内容 III	学生、教育、心理、思政、学习、健康、生活、接受、教师、自我、环境、情感、知识、内容、自身、了解、2016、交流、引导、正确	学生、教育、心理、思想、学校、大学、学习、教师、知识、生活、政治、健康、环境、社会、了解、正确、帮助、认识、群体、重视
基本理论 I	理论、马克思主义、实践、研究、科学、方法、哲学、思维、社会、马克思、历史、主义、范式、逻辑、理解、观点、范畴、灌输、原理、概念	思想、理论、政治、实践、马克思主义、科学、社会、现实、认识、知识、规律、哲学、历史、方法、矛盾、价值、思维、本质、内容、自身
基本理论 II	思想、教育、政治、研究、社会、方法、系统、理论、科学、实践、政治教育、内容、2016、功能、本质、对象、规律、整体、项目、深入	思想、政治、教育、内容、社会、研究、理论、方法、政治教育、教育者、活动、对象、有效、载体、系统、作者、理念、创新、思想政治教育、传统
中国传统文化 I	文化、传统文化、优秀、中国、资源、精神、艺术、传统、中华、活动、载体、校园、历史、传承、茶、价值、丰富、融入、作品、红色文化	文化、传统文化、思想、精神、优秀、中国、艺术、中华、文化自信、传统、大学、音乐、教育、传承、作品、政治、历史、价值、道德、仪式

主题	2016 年主题词	2017 年主题词
意识形态	意识、民族、形态、国家、认同、主流、社会思潮、少数、民族学生、文化、宗教、社会、西方、地区、马克思主义、思潮、观念、我国、安全、主义	意识、形态、国家、宗教、高校、主义、西方、我国、生态、文化、法律、中国、主流、经济、引导、安全、领域、事件、马克思主义、法治
社会思潮	历史、革命、人民、群众、中国、阶级、党、红色、中国共产党、毛泽东、主义、宣传、干部、领导、斗争、共产、人民群众、北京、史、虚无主义	历史、中国、党、阶级、革命、人民、主义、中国共产党、社会、虚无主义、马克思主义、群众、毛泽东、时期、共产、史、党史、中国梦、人民群众、红色文化
课程教学 I	教师、教学、课、理论、高校、政治理论课、思政课、学生、思政、课程、马克思主义、课堂、大学生、内容、改革、科研、专业、教育教学、教材、知识	教师、教学、课、思政课、思政、课程、高校、专业、教材、学生、课堂、质量、科研、研究、学术、学科、理论、学院、教育教学、知识
教育主客体	教育、思想、政治、方法、创新、教育者、环境、受教育者、理论、政治教育、理念、主体、效果、时代、研究、有效、系统、模式、机制、实效性	教育、主体、价值、受教育者、客体、教育者、对象、认知、情感、个体、活动、自我、社会、主体性、互动、功能、实践、精神、实践活动、环境
话语体系	话语、思想、语言、话语权、政治、话语体系、表达、语境、权力、内容、公共、生活、空间、形态、转换、传播、境、权力、内容、公共、生活、空间、形态、转换、传播、叙事、权威、建构、场	话语、语言、话语体系、图像、表达、话语权、叙事、生活、亲和力、形态、故事、形象、内容、时代、意识、传播、建构、青年、文本、转换
教学评价	教学、学生、学习、课程、课堂、实践、课、思想、内容、教师、模式、知识、理论、慕课、教材、改革、考核、评价、参与、效果	教学、学生、学习、实践、课程、课堂、课、内容、改革、方法、考核、评价、知识、模式、参与、讨论、活动、互动、考试、慕课
学科研究	学科、研究、专业、学科建设、知识、体系、科学、比较、大学、理论、学术、人才、马克思主义理论、课程、领域、博士、论文、方法、成果、本科	研究、学科、教育、理论、方法、大学、中国、学术、学者、科学、政治、文献、马克思主义理论、马克思主义、知识、借鉴、基础、体系、教授、实践

主题	2016 年主题词	2017 年主题词
队伍建设	高校、辅导员、管理、组织、研究生、辅导、队伍、学校、社团、活动、学生、制度、研究、导师、教师、科研、服务、培训、职业、机制	辅导员、高校、学生、辅导、大学生、队伍、研究、专业、职业、调查、学习、管理、问卷、专业化、认同、培训、大学、水平、评价、情况
日常思想政治教育Ⅰ	大学生、学生、教育、高校、社会、创业、大学、创新、内容、活动、校园、学校、意识、实践、引导、服务、有效、体系、当代、理论	大学生、高校、学生、教育、育人、社会、思想、校园、创新、政治、实践、引导、科学、课程、文化、活动、知识、成长、素养、专业
日常思想政治教育Ⅱ	实践、职业、高职、院校、专业、学校、学生、档案、就业、人才、社会、创新、创业、教学、育人、技术、技能、学院、项目、素质	职业、高职、院校、教育、创业、实践、创新、专业、服务、人才、就业、社会、企业、学校、技术、校友、志愿、技能、活动、培训
大数据技术与方法	信息、媒体、高校、新媒体、时代、技术、大数据、数据、网络、传统、大学生、互、平台、联网、媒介、互联网、资源、挑战、手机、移动	思想、教育、政治、大数据、数据、技术、资源、时代、信息、互、联网、高校、传统、模式、创新、互联网、思维、融合、研究、网络
网络思想政治教育	网络、信息、传播、微信、微、平台、微博、媒体、内容、互动、环境、舆论、引导、网民、自媒体、受众、群体、网、公众、舆论	网络、信息、传播、媒体、平台、高校、大学生、新媒体、微信、技术、内容、微、引导、时代、传统、校园、互动、媒介、舆论、青年
实证调研	学生、调查、研究、评价、大学、问卷、结果、大学生、政治、情况、数据、显示、认同、显著、程度、年、异、指标、现状、水平	—
公民教育	社会、生态、经济、中国、制度、主义、美国、我国、国家、现代、消费、公民、理性、利益、政府、公民教育、矛盾、环境、传统、大学	—
社会性	社会、主体、个体、客体、活动、受教育者、群体、环境、自我、实践、精神、本质、阶级、世界、马克思、理性、人类、个人、同体	—
基本理论Ⅲ	价值、意识、政治、基础、现实、北京、实践、认知、生活、建构、活动、个体、接受、形态、自身、特征、义、内在、而言、理解	—
党的领导	—	高校、党、组织、党员、学校、领导、制度、管理、队伍、党委、青年、干部、团、服务、支部、部门、责任、活动、宣传、学院

续表

主题	2016 年主题词	2017 年主题词
协同教育	—	系统、体系、评价、机制、研究生、管理、评估、主体、实践、协同、导师、模式、内容、质量、要素、制度、高校、构建、组织、结构
课程教学Ⅱ	—	思想、理论、教学、政治、课、政治理论课、教师、学生、实践、课堂、马克思主义、内容、教材、社会、研究、师生、教育教学、马克思主义理论、体系、创新
中国传统文化Ⅱ	—	思政、茶文化、茶、教育、高校、学生、大学生、文化、教学、思想、我国、传统、中国、茶叶、价值、活动、内涵、理念、内容、融入

注：①本结果由 LDA 主题模型自动生成，有极少量词汇提取效果有待进一步改进，如2017 年网络信息技术主题中的"互"、2016 年基本理论Ⅲ主题中的"又"，为保证原始结果尽可能完整，在此不作进一步删减；②空白区域为年度主题中未出现的结果。

三 数据结果对"质量年"建设成就的验证

如果说"高校思想政治理论课教学质量年"建设成就用"导向正了""取向好了""风向变了""气象新了""志向大了"来总结，那么这些成就在本文给出的文本数据结果中都能找到相应的证据验证。

（一）"导向正了"

"导向正了"在工作措施上主要体现为"各地党委领导同志站在第一线，普遍到高校调研督查，作形势与政策报告，各地教育部门负责同志、高校党委书记和校长站上思政课讲台"；但在效果上则主要体现为"加强了党对思政工作的领导、对思政课的指导"。这一成就在本文的上述数据结果中是得到了验证的。一方面，从图 1 中的关键词变动情况看，2017 年差异性突出的关键词中有"从严治党"和"习近平"两个词，这可能主要是党的治理的加强以及习近平同志作为中国共产党的领导核心在 2017 年的教学和研究中得到越来越多的关注。另一方面，通过表 1 可见，在 LDA 主题模型输出的主题词表的比照中，非常明显地可以看出，在同样都是 24 个主题参数下，2017 年出现了一个 2016 年没有的"党的领导"的新主题。这表明，该主题在 2017 年得到了明显的加强，从而超越了 2016 年的另外一个被替换掉的主题。

（二）"取向好了"

"取向好了"在工作措施上体现为"高校党委书记和校长亲自把政治方向、抓价值取向"；在效果上体现为"思政课教学管理和师资队伍建设得到加强，优质课程和优秀师资不断涌现"。这一成就在上文的数据结果中也得到了一定的验证。首先，从图 1 可见，相较于 2016 年，2017 年更加凸显"教学质量"这一关键词，标注了 2017 年的"质量年"的最基本特征。其次，通过表 1 可以发现，在相同主题数条件下，2017 年与"课程教学"相关的主题数增加了 1 项（课程教学Ⅱ），且在可以相互比照的"课程教学Ⅰ"主题中，2017 年还特别出现了 2016 年中所没有的"质量"一词。

（三）"风向变了"

"风向变了"主要体现为"思政课抬头率、参与率、获得感不断提升，超过九成的大学生对思政课教师感到满意"，其实质意味着思政课的教学效果取得了明显改善。这一成就是从学生的视角出发的，在以问题和对策研究为主要目标的期刊文献中，相对不容易体现，但是，仔细分析也可以看出一些证据。比如，"习近平总书记指出，做好高校思想政治工作，要因事而化、因时而进、因势而新。要遵循思想政治工作规律，遵循教书育人规律，遵循学生成长规律，不断提高工作能力和水平"[1]。而在图 1 中出现在 2017 年中新凸现的"亲和力"，即是思政课特别地注重教学效果、学生感受的明证。通过表 1 也可以发现，在"教育主客体"主题中，2017 年增加了"情感""个体""自我"和"互动"等更加体现学生视角的词，这在一定程度上反映出，2017 年在教

① 习近平：《把思想政治工作贯穿教育教学全过程 开创我国高等教育事业发展新局面》，《人民日报》2016 年 12 月 9 日第 1 版。

学理念上更加侧重了对学生感受的关注。

（四）"气象新了"

"气象新了"主要体现为"通过党的十八大以来的多年努力和攻坚，高校气象、思政工作气象、思政课气象为之一新，思政课的生态发生了变化"，其中的关键是"思政课的生态"发生了变化。这一成就从图1来看，主要体现为"高校思想政治工作"作为一个完整的新概念，出现在2017年新凸显的主要关键词中，意味着这一具有思政课生态意味的词在2017年得到了前所未有的关注。这在表1当中则突出地表现为，新增加了一个"协同教育"主题，其中的主题词突出地表明"大思政"生态环境得到改善。

（五）"志向大了"

"志向大了"主要体现为"教师更加自觉担负起以共产主义远大理想和中国特色社会主义共同理想培养担当民族复兴大任时代新人的神圣职责；学生开阔了眼界，学会了观察世界的方法，志向更加高远，'四个自信'更加坚定"。这一成就在图1中表现为"中国特色"作为2017年的一个新增主要关键词凸显出来。而在表1中，一方面在"中国传统文化"主题中新增了"文化自信"一词；另一方面，在"教学内容Ⅰ、Ⅱ、Ⅲ"3个主题中新增加了"世界""人类"等视野性很强的关键词。这些变化都是对"志向大了"的一种体现。

综上所述，根据本文给出的期刊文献的相关数据分析，2017年作为"高校思想政治理论课教学质量年"的建设成就得到了一定的证据性支持。

四　数据结果对思想政治理论课建设规律、趋势及不足的发现

（一）数据结果中体现的思想政治理论课建设的规律性

无论是从图1还是从表1来看，思想政治理论课建设2017年比2016年都有了较大的变化，但是也可以很明显地看出，有很多关键词、主题和主题词并没有发生变化。从图1中可以看出，2016年和

2017 年文献的共同主要关键词体现出，两年中高校思想政治理论课建设的核心主题都是"思想政治理论课"及其辅助的"政治理论课"和"思想政治工作"，其中的主体主要是"大学生"，其主要的工作内容都是"思想政治教育"或"思政教育"，当前面临的主要挑战和机遇都是"新媒体"。从表 1 也可以发现，2016 年与 2017 年的文献体现出，我国的思想政治理论课建设在"指导思想"上始终与党中央保持高度一致，坚持正确的政治导向性；在"教学内容"上一直坚持围绕价值观教育、道德教育、心理教育、政治教育等领域开展教学活动；在"基本理论"上都坚持马克思主义的基本观念和理论，以及思想政治教育的基本理论；在主要功能上承担着一定程度的"中国传统文化"的传承与发扬责任，担负着"意识形态"建设与斗争的主要阵地之一的角色，应对着各种"社会思潮"的冲击和挑战；在方法上主要从"课程教学"入手，在"教育主客体"的视角下改进教学模式和实践，以"话语体系"的转换与构建为主要措施，来提升教学质量；注重对"教学评价""学科研究"和"队伍建设"的加强；并且还特别注重对课堂之外的"日常思想政治教育"加强改进；此外，还对"大数据技术与方法""网络思想政治教育"等新技术、新媒体加以引入和重视。

上述内容即可以视为高校思想政治理论课建设的一些规律性规定，是需要长期坚持或加以注重的工作和内容。

（二）数据结果中体现的高校思想政治理论课建设的趋势

总体而言，高校思想政治理论课建设的趋势必然是对 2017 年的成就和经验继续巩固和坚持，亦即继续巩固和加强 2017 年已取得的"导向、取向、风向、气象和志向"。但是，从本文的数据结果中进一步分析，还可以发现以下几个突出特点。

1. 以立德树人为导向，继续加强"大思政"格局

"引导学生做到'明大德、守公德、严私德'，需要把立德树人融入思想道德教育、文化知识教育、社会实践教育各环节，贯穿基础教育、职业教育、高等教育各领域，学科体系、教学体系、教材体系、管

理体系要围绕这个目标来设计。"① 从图1可以看出，"立德树人"虽然不是2016年和2017年共同的核心关键词，但是在两年的关键词中都有密切的主要相互关系。进一步从表1可以看出，相较于2016年，2017年新增的"党的领导"和"协同教育"两大主题本身即彰显了未来的思想政治理论课建设在这两大领域会继续加强，其中包含的主题词，如"党、团、支部""学校、部门、学院"和"领导、制度、管理、责任"，以及"系统、体系、机制""协同、组织、结构"和"导师、要素"等，都明确提示了工作中的"大思政"格局趋势及工作指向。

2. 在加强课堂教学主阵地的同时，注重从细节上提升教学质量

无论图1中的"亲和力"关键词的凸显，还是表1中增加的"课程教学Ⅱ"新主题，都突出地表明，未来的思想政治理论课建设会更加注重课程教学。进一步分析表1可以发现，在教学内容上，2017年更加注重"责任""现代""公共""活动"，以及"自由""交往"等更加具体的教学内容，并且还注意到了"地区""认知"问题；在教育主客体关系方面，更加注重"个体""自我"的"情感"和"互动"；在话语体系的构建方面，特别注意对"图像"的应用以及"亲和力"问题。这些细节内容的加强，在一定程度上成为思想政治理论课教学质量提升的重要因素。

3. 在注重实践育人的基础上，更加注重与学科专业和特色资源相结合

在图1中，2017年有一个新增加的特别突出的关键词——"茶文化"。这一关键词体现的是某些地区和院校以茶文化为载体，探讨实践大学生思想政治教育的新途径，这种特异的思想政治教育方式貌似不易理解，但是却代表了2017年中，各地高校大力挖掘自身的资源特色和专业特色，创新教育教学方式和内容以提升教学效果和质量的一种普遍现象。这在表1中也有其明显的表现，如增加了一个"中国传统文化Ⅱ"新主题，这本身就反映出，思想政治理论课教学开始凭借对传统文化资源的弘扬和挖掘提升教学质量，同时其中的主题词中也包含有

---

① 《坚持把立德树人作为根本任务——六论学习贯彻习近平总书记全国教育大会重要讲话精神》，《光明日报》2018年9月18日第1版。

"茶文化"；而在"中国传统文化Ⅰ"中还新增了"音乐""仪式"等
特色内容。

（三）数据结果呈现出的高校思想政治理论课建设的不足

比较两年的数据还可以看出，"质量年"取得了一些骄人成就，出
现了一些值得鼓励的新变化，但也暴露出了一些工作的不足。

1. 思想政治理论课教学工作需要更加深化、精细化

有学者指出，当前学界对于思想政治理论课教学的探讨和思考习
惯于以思政课的整体形式进行总体研究，以某门课程或某种教学方法
的形式进行深入具体研究的成果表现不足①。这一点，在表1的主题和
主题词的结果中表现明显，两年里都没有发现某一课程和某一种教学
方法的主题甚至主题词。在后续的工作中，学科工作者更应该加深关
注思想政治理论课教学的特殊性，各不同课程的特异性，以及学生对
象的专业、地区、民族等的不同，从教学实践中去探寻，而不是"拿
来主义"地运用各种其他学科和课程的教学方法，从而更具针对性地
提升教学质量。

2. 在量化实证等科学方法的引入上仍需加强

学者指出，思想政治理论课教学方法研究中属于传统研究法的论
文占比超过了93%，而量化研究、质性研究及混合研究都占比很
低②。从表1中也可以发现，2016年和2017年的主题和主题词整体
上方法性的范畴比较缺乏，而且2017年还比2016年缺少了一个"实
证调研"的主题。由于思想政治教育工作的对象是处于社会关系之中
的"现实的人"，其不单单要进行传统的经验总结和价值判断，更需
要从社会科学的视野进行丰富和发展，需要结合更加具体、生动的实
证调研和数据分析更加科学地解读实际问题，这一点需要在今后的工
作中更加关注。

---

① 余双好：《思想政治理论课教学科研分析报告（2006—2016）》，社会科学文献出版社
2017年版，第48页。

② 余双好：《思想政治理论课教学科研分析报告（2006—2016）》，社会科学文献出版社
2017年版，第40页。

五 结语

本研究借助 CiteSpace 文献可视化分析软件和 LDA 主题模型，通过分析、对比 2016 年和 2017 年相关期刊文献的主题和内容，已经在较大程度上对"质量年"的建设成就给予了可信的验证，也发现了一些规律、趋势和不足，可以对未来的高校思想政治建设工作提供一定的参考。当然，本研究在方法上具有传统的研究方法所不具有的证据力，但是在数据量上存在着不足，只对"质量年"2017 年和之前的 2016 年进行了对比性的数据分析，这一点需要在未来随着国家思想政治理论课教学工作的进展和积累，加大数据年份样本，以进一步得到更加可靠的结论。

大学生"马克思主义"
网络关注的大数据分析
——基于百度指数的再研究*

王建红等

大学生是马克思主义理论教育的最主要对象，其对马克思主义的关注态度和认知程度是马克思主义中国化、时代化和大众化成功与否的一个关键。随着当今社会互联网发展的深入，大学生对"马克思主义"主题内容的网络关注行为和特征，必然在一定程度上体现了大学生对"马克思主义"在整体上的关注态度和掌握程度。那么当代大学生对"马克思主义"的网络关注到底如何？具有怎样的特征？有哪些不足？这些问题值得深入研究。

一 相关研究现状及基础

与本文相关的研究主题主要有三个方面：大学生的网络行为研究、大学生网络关注内容研究和马克思主义相关的大数据研究。

（一）大学生网络行为研究

大学生网络行为研究是近年一个理论研究热点，已经出现了大量相关文献，主要内容集中在大学生的网络行为特征[1]、影响[2]、问题[3]、成

---

* 原文刊发于《特区实践与理论》2017 年第 5 期。

[1] 刘继红、孙新建、陈莹：《大学生网络行为特点调查分析》，《高教探索》2007 年第 3 期。

[2] 付洪、王建洲、安勇：《大学生网络行为与学习成绩的关联性分析》，《理论与现代化》2014 年第 3 期。

[3] 张楠、李航敏：《大学生网络道德问题分析及教育的对策建议》，《思想理论教育导刊》2010 年第 10 期。

因及对策①，研究方法以实证调查为主，研究结论倾向于认为一些大学生网络行为存在失范②，对其成长成才存在一定不良影响③，需要加强引导与规范④。

（二）大学生网络关注内容研究

对大学生网络行为的进一步深入研究涉及大学生网络关注的具体内容。到目前为止，此类研究主要涉及大学生对"舆论事件"⑤ "热点事件"⑥ 和"网络流言"⑦ 等的关注，一些研究则涉及大学生生活相关的内容，如"健康信息"⑧ "旅游信息"⑨ "网络购物"⑩ 等。此类研究在近些年逐年增加，越来越被人们所注意，但整体而言，研究的程度还不够深入，研究的对象还不够全面，其主要原因自然与大学生网络关注内容过于宽泛有关，用传统方法很难对这些具体内容展开深入的调查和研究，研究结果很难保证深入有效。

（三）马克思主义相关的大数据研究

随着大数据技术的发展，对大学生网络关注的单项内容的研究已经

---

① 滕建勇、严运楼、丁卓菁：《大学生网络行为状况分析及教育对策》，《思想理论教育》2015 年第 5 期。

② 陶韶菁、王功敏：《关于大学生网络失范行为的调查和思考》，《思想理论教育导刊》2011 年第 7 期。

③ 朱琳：《大学生网络行为失范的类型、成因与对策》，《华东师范大学学报》2016 年第 2 期。

④ 侯丹娟：《大学生网络行为规范教育内容初探》，《现代远距离教育》2009 年第 5 期。

⑤ 闫东利、尹莎莎：《大学生亚群体对网络舆论事件关注的差异性研究——基于河北师范大学的调查》，《教育理论与实践》2016 年第 15 期。

⑥ 李爽：《当前大学生参与网络热点事件的主体特征和主要方式》，《思想理论教育》2013 年第 17 期。

⑦ 孙琦琰：《网络流言在大学生中的传播路径及应对策略》，《思想理论教育》2015 年第 1 期。

⑧ 周晓英、蔡文娟：《大学生网络健康信息搜寻行为模式及影响因素》，《情报资料工作》2014 年第 4 期。

⑨ 杨敏、马耀峰、李天顺、王觅、李君轶：《基于屏幕跟踪的大学生在线旅游信息搜索行为研究》，《旅游科学》2012 年第 3 期。

⑩ 吴筱萌、谢赞、蒋静：《大学生网络购物动机的实证研究——以北京大学为例》，《现代教育技术》2011 年第 5 期。

具备克服上述难题的条件。通过网络大数据技术可以全面搜集大学生的上网信息，包括关注内容乃至具体态度，进而通过大数据分析技术，便能够对大学生网络关注的内容等细节信息进行详细研究。遗憾的是，此类文献至今极其缺乏。

值得注意的是，2016 年 7 月《马克思主义研究》杂志发表了《"马克思主义"主题大数据大众调查与分析》①（以下简称"《马》文"）一文。这一研究开创了切实运用大数据方法研究"马克思主义"问题的先河，论文新颖地采用了大数据网络调查技术，以百度指数的数据为基础，对"马克思主义"主题词在百度指数中的指数趋势、需求图谱、新闻监测、百度知道排序、人群画像等数据进行了详细的分析，并得出了一些有意义的结论。然而，仔细分析《马》文，可以发现其结论有以下几点值得进一步深究。

第一，《马》文认为，在对"马克思主义"的关注人群中，"20—29 岁的人最多，占 42%，他们主要是青年学生"。该文给出的分析证据主要有两点，一是年龄段（20—29 岁）占比最大，二是百度知道内容排序中"热词提问、回答和浏览主要涉及马克思主义基本原理、试题和答案、其哲学问题、中国化实践等问题"。这些提问、回答和浏览反映出，关注马克思主义的人应该主要是学生。本文认同该文的判断，但认为其证据需要进一步补充。

第二，《马》文认为，"网民主要关注的内容是马克思主义基本原理、马克思主义哲学、马克思主义中国化、唯物主义、共产主义、资本主义、恩格斯和列宁等"。但网民（尤其是青年学生）关注的内容到底是什么？结论中的几个关键词代表的背后内容到底是什么？这些问题值得深究。

第三，《马》文主要的政策性建议是关于如何实现马克思主义的大众化，提高马克思主义教育的生命力、说服力和影响力，该文认为，"解决这一问题，可从青年学生群体入手"，继续加强五大问题的研究，"一是马克思主义哲学基本内涵问题，二是马克思哲学批判与资本批判

---

① 张凯、梁莎：《"马克思主义"主题大数据大众调查与分析》，《马克思主义研究》2016 年第 7 期。本节的有关引文均出自此文献，不再一一标注。

的联系问题，三是马克思主义与共产主义的关系问题，四是马克思主义中国化的实践问题，五是马克思主义与唯物主义问题"。然而，对于为什么需要从青年学生入手加强上述五大问题的研究，该文并没有给出充分的论证。

本文将以《马》文为基础，对有待探讨的上述问题展开进一步研究。

二　研究思路及策略的创新

本文在技术方法上与《马》文一致，仍将以百度指数为基础，以大数据方法为原则展开研究，亦即在"百度指数"中输入关键词，获得其相关数据和可视化图形，然后依据获得的数据和图形分析问题。本文与《马》文的不同之处在于，本文选择一些新的研究思路和研究策略。具体而言，主要有以下几点。

（一）加强对大学生群体的针对性分析

《马》文认为，对"马克思主义"关注的人群主要是以大学生为主体的青年学生，而马克思主义理论教育、宣传的主要目标就是大学生，大学生又在未来社会发展中占有重要地位，因此应该加强针对大学生群体的"马克思主义"网络大数据的专项分析。

（二）增加与其他关键词的比较分析

本文认为，如果对"马克思主义"关注的人群主要是以大学生为主体的青年学生，其在百度搜索指数、趋势等的数据特征上必然表现出明显的"大学生"特征，这一点可以通过加入一些大学生相关性明显不足的关键词，将其数据与"马克思主义"的数据进行比较，加以验证。此外，正如《马》文指出，百度需求图谱显示，与"马克思主义"密切相关的关键词有"马克思主义基本原理""马克思主义基本原理概论""原理""概论""马克思主义中国化"和"马克思主义哲学"等，所以，一方面为了弄清楚这些关键词所代表的深层含义，另一方面为了通过比较验证"马克思主义"自身的一些指数特征，也可以从中挑选几个代表词，作为百度指数关键词，采集其各自数据信息，与"马克思主义"的数据进行比较研究。

（三）增加时间因素的考量

除年龄条件外，大学生区别于其他同龄人的特征无疑是其在校学习的特征，这必然反应在时间上，会出现诸如寒暑假时间变化等的一些特殊规律，应该对此加强分析。

三 数据分析

（一）与非相关关键词的比较分析

如前所述，《马》文和本文均认为，对"马克思主义"关注的主要人群是以大学生为主的青年学生，为了进一步佐证，我们选取了当前社会上相对重要而又没有明确人群指向性的词"自由""文明"两个词，将它们与"马克思主义"在百度指数中进行对比。

图1显示的是"马克思主义""自由"和"文明"三个词在百度指数中的"搜索指数"的比较（时间选取2014年1月至2017年1月），三条曲线代表了各自的搜索趋势。从图1可以发现，"马克思主义"与后两个词相比，在总的搜索趋势上显示出明显的特点：后两者的搜索趋势随时间变化，虽然出现了小幅波动，但整体趋势比较平缓，没有明显规律性的波峰与波谷；而"马克思主义"一词的搜索趋势具有明显规律性变化特征，亦即存在明显的周期性波谷，且时间上具有明显的规律性，往往出现在每年的1—3月和7—9月。可以很容易想到，这两个时间段与大学生的寒暑假期是一致的。

图2显示的是相同时间段内，媒体发布的与三个关键词相关的新闻事件的"媒体指数"，代表了各自的新闻事件的媒体报道情况。图2显示，"马克思主义"相关的新闻事件量极少，而另外两个词趋势轨迹则表现出了大幅度的无规律波动。这说明，图1中的三个词的变化情况与社会新闻事件关系不大，因此"马克思主义"一词搜索趋势的规律性变化可以排除与社会事件的关联性。

综上所述，我们可以进一步判定，"马克思主义"一词的相关搜索变化规律与大学生的学习时间规律相一致，且与社会事件关联性不明显。

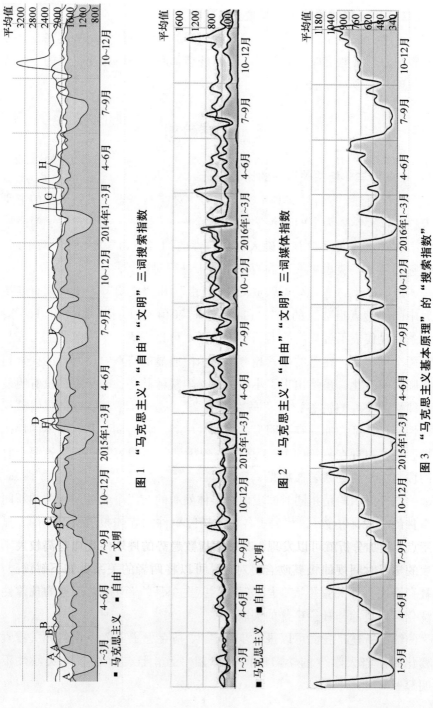

图 1 "马克思主义""自由""文明"三词搜索指数

图 2 "马克思主义""自由""文明"三词媒体指数

图 3 "马克思主义基本原理"的"搜索指数"

（二）相关关键词的百度指数分析

为了进一步验证"马克思主义"相关搜索情况与大学生学习相关，本文拟选取两个与其相关的关键词，进行对比分析，以增强论证的效力。如《马》文所示，与"马克思主义"紧密相关的关键词有"马克思主义基本原理""马克思主义基本原理概论""原理""马克思主义哲学""概论"和"马克思主义中国化"等。从概念内涵看，前五者都属于"马克思主义基本原理"范畴，而"概论"一般是指大学生对"毛泽东思想和中国特色社会主义理论体系概论"的简称，可以归为"马克思主义中国化"范畴，因此，我们最终选取"马克思主义基本原理""马克思主义中国化"作为与"马克思主义"对比的关键词。在时间段的选取上，考虑到时间跨度的涵盖性与数据可视化图形的清晰性，统一选取了 2014 年 1 月到 2017 年 1 月的百度指数中的指数数据展开分析。

1. "马克思主义基本原理"的相关分析

（1）搜索指数分析

图 3 是"马克思主义基本原理"在百度指数中的"搜索指数"图。可以发现，该词的搜索指数相比"马克思主义"的搜索指数表现出了更加明显的周期性规律：每年 1 月的搜索量骤然下降并接近于零，随后在 2 月开始逐渐反弹，并在 3—5 月呈现波动性上升，在 6 月中后期达到一个周期性峰值，随后快速下降，并在 7 月后期达到一个谷底，一直到 8 月保持一个相对长的低谷期，并在 9 月逐渐回升，在"10.1"前后形成一个明显的小波谷，之后一直波动性上升，直到 1 月初达到另一个周期性峰值。联系"马克思主义基本原理"是当前高校的一门思想政治理论课这一特点，稍加分析就可以发现，其搜索指数趋势的周期性规律与高校大学生的学习时间规律极其吻合。对此，可以将两者的关系做如下解读：一般高校的"马克思主义基本原理"课都在 1 月的考试周考试，在此前后学生对相关内容的搜索查询需求达到最高峰，考试结束，进入寒假，学生的学习、查询搜索需求自然迅速降到最低，进入 2 月各高校陆续开学，随着课程开课，学生的学习逐渐深入，搜索需求陆续增加，直到 6 月底的一个新的考试周到来后，搜索需求达到一个新的周期性峰值，7 月

初各高校陆续放假，学生的学习搜索需求重新达到最低，直到 9 月再次开学后，随着课程的开课，学习搜索需求逐渐恢复上升，并在"10.1"假期放假后，暂时出现短暂的小幅下降，之后恢复，直到学期末新的一年的考试周到来，搜索需求重新达到一个新的峰值。

需要特别指出的是，在"马克思主义基本原理"的搜索指数趋势规律中，在每一个大波动周期中，还表现出了明显的前低后高，并在"考试周"期间达到极值的趋势特征。这在一定程度上说明，大学生对"马克思主义基本原理"的搜索需求主要可以分为两大类：一类是应对学习过程中的知识性疑问——"学习性需求"，另一类是应对考试——"应试性需求"。

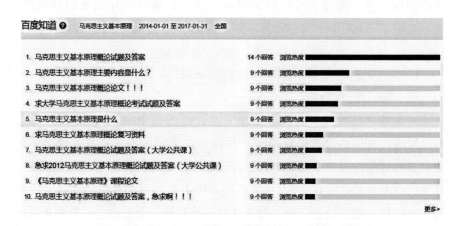

图 4　百度知道"马克思主义基本原理"的热度排名

（2）百度知道热度排名分析

图 4 是百度知道中有关"马克思主义基本原理"的热度排名图，表示对其相关提问的回答及浏览的热度情况。可以看出，热度排名前十的问题大都是关于"马克思主义基本原理"考试答案、课程论文及复习资料的提问，其中对"马克思主义基本原理概论试题及答案"的回答及浏览量最多，热度排名最靠前。这进一步说明网络上对"马克思主义基本原理"的关注，仅就"百度知道"这一渠道而言，其主要关注群体的确就是大学生，关注的内容主要就是与课程学习尤其是应试相关。

（3）"需求图谱"比较分析

通过在线比较百度指数中"马克思主义基本原理"在 2017 年 1 月考试期间（1 月 9—15 日）和考试之后（1 月 23—29 日）两周的搜索需求图谱可以发现，在考试期间，对"马克思主义基本原理"的相关需求还很多，而在考试结束之后不久，几乎看不出任何相关需求。进一步分析考试期间搜索需求的相关词，可以发现，这些需求主要集中在"试题""答案""论文""复习""资料""笔记"和"重点"等应试性内容方面。

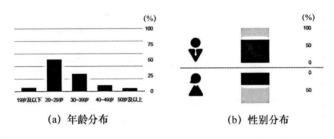

(a) 年龄分布   (b) 性别分布

图 5 "马克思主义基本原理"关注人群的属性

（4）人群属性分析

图 5 是"马克思主义基本原理"关注人群的属性分布图。"马克思主义基本原理"一词的搜索人群年龄集中于 20—29 岁（占 51%），结合前述分析，更加可以肯定，作为大学开设的思想政治理论课程之一，"马克思主义基本原理"的主要关注人群必然是当代大学生。

2. "马克思主义中国化"的相关分析

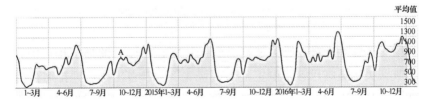

图 6 "马克思主义中国化"搜索指数趋势

（1）搜索指数分析

图 6 是"马克思主义中国化"搜索指数趋势图。毋庸赘言，该关

键词的搜索指数与"马克思主义基本原理"一词表现出了极大的相似度。从而人们同样可以认为,"马克思主义中国化"的搜索指数趋势同样存在周期性规律特征,且与高校大学生的学习时间规律非常吻合。在一定程度上可以判定,其关注群体是以青年大学生为主,而且其需求也同样存在学习性需求和应试性需求两类。

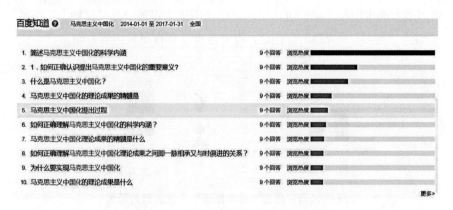

图7 百度知道"马克思主义中国化"的热度排名

(2)百度知道热度排名分析

图7是百度知道中有关"马克思主义中国化"的热度排名图。从图中可见,热度排名前十的相关问题虽然并不包含"考试、答案"等字眼,但其内容也多与"马克思主义中国化"作为课程学习的一些知识点有关。具体而言,比如排名最高的前两个问题,"简述马克思主义中国化的科学内涵""如何正确认识提出马克思主义中国化的重要意义",均带有明显的考试题目特征。

(3)"需求图谱"比较分析

通过在线比较百度指数中"马克思主义中国化"在2017年1月考试期间(1月9—15日)和考试之后(1月23—29日)两周的搜索需求图谱可以发现,在考试期间,对"马克思主义中国化"的相关需求还很多,而在考试结束之后不久,几乎看不出还有任何需求。这同样说明,对"马克思主义中国化"的搜索需求同样与大学生课程考试紧密相关。

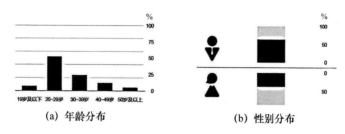

(a) 年龄分布　　　　　　　　(b) 性别分布

图8 "马克思主义中国化"关注人群的属性

（4）人群属性分析

图8是"马克思主义中国化"关注人群的属性分布图。如图所示，其搜索人群年龄同样集中于20—29岁（占52%），甚至比"马克思主义基本原理"略高。同样可以肯定，"马克思主义中国化"的主要关注人群必然也是当代大学生。

四　结论及启示

（一）基本结论

现在已经有比较充足的依据判定：网络上对"马克思主义"的关注人群主要是由青年学生构成，尤其是考虑到其大部分关注点与高校的思想政治理论课紧密相关，因此甚至可以说是高校大学生；具体分析其关注内容，可以发现，大学生网络关注"马克思主义"的主要需求与日常学习尤其是与课程考试有关；互联网在发挥马克思主义理论教育宣传新渠道的功能上，的确便利了大学生对"马克思主义"相关知识的学习，一定程度上促进了马克思主义的时代化、大众化，但局限性比较突出，其功能发挥的全面性有待提升。

要增加"马克思主义"网络关注的有效性，就要充分掌握网络使用者的使用特征。随着时代的发展，互联网应用表现出了越来越明显的"生活化"倾向，人们对网络的关注也是生活化的，大学生对"马克思主义"的网络关注——学习应用、考试应用，就是大学生对网络应用的一种特殊的"生活化"。但这种应用方式和场景的局限性就使得马克思主义的科学性和功能性不能得到很好彰显，从而也不能将互联网对马克思主义时代化、大众化应有的促进作用很好地发挥出来。要进一步利用好互联网，促进马克思主义的时代化和大众化，就需要加强"马克思主义生活化"的研究，将马克思主义理论更多地与生活问题、生活场景相结合，增加当代网络使用者在"生活"中对马克思主义需求的机会。这应该是研究互联网在马克思主义时代化、大众化中如何发挥作用，需要解决的最主要问题。

《马》文特别强调，其研究的目的之一是，"提出一种大数据网络调查方法和大数据研究流程，并以'马克思主义'为例，借助百度指数平台展开实证"，以"验证该方法的可用性和有效性"。可以说，该文的验证一定程度上取得了成功，本文的研究者现在和未来也会继续致力于用大数据方法研究马克思主义理论问题，但是应该注意的是，大数据具有天然的"重关联，不重因果"的方法特征，这一特征有时容易给研究结论带来误导，因此人们在使用大数据方法时，一定要注意数据挖掘的深入性，并尽可能同时加强与因果分析等规范性分析的结合应用。

而进一步的分析让人们有理由怀疑，非"20—29"年龄段的人群对马克思主义的网络关注也主要与马克思主义理论教育相关。这种怀疑的基本思路是：一方面，19 岁以下的人群中，有初高中生，以及一定比例的不满 19 岁的大学生；另一方面，29 岁以上的人群中也存在相当比例的硕士和博士生及其备考人员，他们的学习规律与大学生学习特点和规律存在较强的一致性。

（二）相关启示

上述分析说明，互联网的确为马克思主义理论知识的传播带来了便利，在一定程度上也表现出了作为马克思主义传播渠道的作用，但是其效果令人担忧，网络上的"马克思主义"主要成为学生们学习、应试的便利工具，其对真正意义上的马克思主义时代化、大众化能促进多少，值得怀疑。

本文的结论并不否认互联网是马克思主义时代化、大众化的机遇，互联网无疑也具有担当此任的很多特点和优势。但是,需要注意的是,"互联网的发展"≠"马克思主义时代化、大众化的发展","'马克思主义'网络关注的增加"≠"马克思主义时代化、大众化的有效提升",对于马克思主义网络化发展,不应仅仅关注其"流量"的多少,更应该关注其"流量"的有效性。为我国主流传统文化中的儒家思想强调学习对家国天下的意义。"修身齐家治国平天下",出自我国儒家经典《大学》。《大学》讲"大学之道",论述如何成就崇高"德性"和人格,怎样成为经国济世的人才①。儒家在知识与"德性"的关系问题上始终旗帜鲜明地高举"德性"的旗帜,把修"德性"放在第一位。因此儒家之"修身",乃学习的高级形式。其目的是齐家治国平天下。习近平总书记多次引用"修身齐家治国平天下",认为这恰恰体现了"我国知识分子历来有浓厚的家国情怀,有强烈的社会责任感,重道义、勇担当"②,有"为天地立心、为生民立命、为往圣继绝学、为万世开太平","先天下之忧而忧,后天下之乐而乐"的胸怀③。如号召广大知识分子在当今这个中华民族"正在进行着人类历史上最为宏大而独特的实践创新"的时代,"积极为党和人民述学立论、建言献策,担负起历史赋予的光荣使命"④。

   总之,关于学习强党和学习强国的思想,全面而深刻地体现了习近平总书记"不忘本来、吸收外来、面向未来"的思想⑤。不忘本来,就是既不忘记中国共产党的马克思主义认识论立场,不断推进马克思主义中国化,也不忘记中国共产党必须立足于中国实际,聚集中国力量,弘扬中国精神,传承中国文化;吸收外来,就是要学习借鉴人类社会一切文明成果;面向未来,就是要在党的领导下实现中国梦,实现强国梦,实现人民幸福梦。为此而学习、学习、再学习,实践、实践、再实践。

---

① 杨朝明:《修齐治平千年的家国情怀》,《新湘评论》2017 年第 2 期。
② 《习近平看望民进、农工党、九三学社委员并参加联组会》,《人民日报》2017 年 3 月 5 日第 1 版。
③ 习近平:《在知识分子、劳动模范、青年代表座谈会上的讲话》,人民出版社 2016 年版。
④ 《习近平在哲学社会科学工作座谈会上的讲话》,《人民日报》2016 年 5 月 17 日第 1 版。
⑤ 《习近平在哲学社会科学工作座谈会上的讲话》,《人民日报》2016 年 5 月 17 日第 1 版。

中国消费领域社会关注变化趋势研究

——基于人民网经济新闻排行榜文本的 LDA 模型分析（2007—2017）[*]

王建红　王曼曼　杜宝彪

一　研究方法与数据处理过程说明

（一）研究方法：LDA 主题模型

LDA 主题模型是一种以计算机科学算法为基础，能够对浩瀚、大规模的文本语料库通过自动训练进行主题提炼的文本分析技术。其基本思想是："文本看成是一系列潜在主题的概率分布，其中每一个主题都是隶属该主题的词条集的概率分布。"[1] 具体而言，这种技术方法首要是确定一个研究领域，构建一定规模的对应的文本语料库，将目标文本统一转化为易于识别、建模的数据信息，通过计算每一个文本文档所内涵主题的概率分布，经过足够次数迭代之后，根据收敛最佳状况，最终输出多个不同主题的包含一定量概念词汇的词群。此技术的优势在于，运用这一方法能够尽可能估算给定语料库的最优主题数，克服人为确定主题数太多或太少导致解释力不强的局限，还能依据文本的主题表征，客观处理高维和大规模的文本分类，去除因人工研读无法避免的主观性降维[2]。

---

* 原文刊发于《保定学院学报》2019 年第 2 期。

[1] 刘启华：《基于 LDA 的文本语义检索模型》，《情报科学》2014 年第 8 期。

[2] 王小红等：《文知识发现的计算机实现——对"汉典古籍"主题建模的实证分析》，《自然辩证法通讯》2018 年第 4 期。

截至目前，这一技术在自然语言处理、数据挖掘、图书情报、文本检索等领域已有了较为广泛的应用，尤其是在文本语义分析上，由于LDA 输出的结果并非是传统意义上的词频统计，而是一组有意义的词群，人文研究者能够利用这些主题词汇和相应的主题权重进行定性、定量及论证方面的研究。可以看到，当前这种技术在人文社会科学研究中具有传统规范研究所不能企及的一些优势。为此，本文的具体研究将以该技术作为主要研究方法，以此来更好地实现既定研究目的。

（二）数据来源和研究过程说明

本研究的对象文本全部来源于人民网每日经济新闻排行榜（每日10 条），时间跨度选定为 2007—2017 年，主要研究其中与消费有关的内容。选取依据在于，这一时间段中国社会的发展变化相对较大，而又与当前最为临近。人们在这 11 年间对经济领域中有关消费的关注，可以在一定程度上反映出这 11 年我国居民的一些消费变化趋势和消费观念行为趋向。

具体到 2007—2017 年人民网每日经济新闻排行榜这一研究对象，由于文本所涉及的经济领域内容庞杂，单纯依靠人工研判很难做到客观降维和分类处理。而运用 LDA 主题模型分析，很大程度上能够实现对文本内容的主题提取和分层分类处理，根据 LDA 模型最终输出的主题结果及其权重，还能够从权重变化中探究其变化趋势，再综合相关理论和经济时政进行阐述，使其研究结论更具说服力。

具体研究过程为：第一，基于 2007—2017 年人民网每日经济新闻排行榜前 10 条，借助 python 进行大规模的网络文本抓取，并统一使用TXT 文本格式保存，然后分年份进行整合储存，即为语料库构建。第二，利用 LDA 主题模型对人民网每日经济新闻排行榜语料库进行文本挖掘和语义关系提取。将已统一储存的人民网每日经济新闻排行榜语料库输入 LDA 主题模型进行运算，然后多次循环调整主题数和迭代次数，直到输出结果达到最佳为止。多次运算结果表明，本文所需要的各个年份最佳主题数为 250 个，最佳迭代次数为 800 次（详细技术处理见本研究组另文介绍）。第三，根据最终输出结果，选取相应的主题权重和词频展开二次演算和可视化分析，形成综合呈现结果。第四，根据综合呈现结果，结合相关理论、政策和时政热点进行阐释。

按照以上研究过程，全面梳理和分析这 11 个年份各自输出的 250 个主题，发现较多的主题内容涉及消费行业、消费观念及消费行为，同时由于这三部分各自所呈现的内容存在差异，难以使用同一标准进行主题和主题词的选取，因此，在具体研究行文时，对各自部分均采取了不同的较为客观的选取标准。下面，将基于不同标准，对选出的主题和主题词展开具体探讨。

二 消费行业社会关注变化趋势分析

（一）消费行业社会关注变化趋势

为了解中国消费行业在 2007—2017 年的社会关注变化，我们以 LDA 主题模型输出的各年份 250 个主题内容为主要依据，以"ICB 行业分类基准"（Industry Classification Benchmark）为辅助参考，共划分出了 10 个消费行业。紧接着，将 10 个消费行业在不同年份中各自所包含的主题进行主题权重加权，然后将加权值可视化为散点趋势图，如图 1 所示。

由图 1 可知，无论是观测整体趋势还是散点分布，整体上可以对十大消费行业社会关注趋势划分为三类，社会关注度上升趋势明显的消费行业：交通、教育、旅游、互联网和通信；社会关注度小幅上升的消费行业：保险、文娱、医疗；社会关注度呈下降趋势的消费行业：能源、食品、房地产，能源行业尤为显著。

（二）当前热点消费行业社会关注变化趋势的典型分析

从宏观层面对不同消费行业社会关注进行简略趋势分析后，为了深入研究不同消费行业社会关注的具体内容，在此选取了 2017 年主题内容集中呈现较多、具有趋势代表性及主题权重排位靠前的旅游、食品、医疗三大热点行业为典型展开分析。

1. 旅游行业社会关注内容变化

依据 LDA 主题模型演算方法和原理，每一主题所包含的词语之间能够形成一种相互诠释：它们共同构成一个主题，这个主题的内涵就是

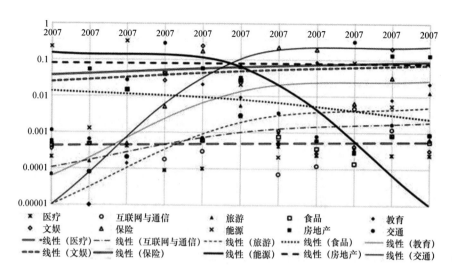

图1　不同消费行业关注度的变化趋势

由这些词汇共同构成，它们之所以出现在同一个主题中，就是因为它们在对应文档中存在相对较强的相关性。将这一分析运用于旅游行业具体社会关注内容上，就可以认为：基于强关联性词语聚类而成的旅游主题，它所包含的主题词代表着具体的旅游内容。从2007—2017年各个年份输出的250个主题中，筛选统计了包含旅游内容较多的代表性主题，具体如表1所示。

从2007年Topic 94、2009年Topic 208里的主题词能够看出，旅游出行与法定或俗成的节假日密切相关，在这两个年份提供的旅游主题中，与节假日直接相关的主题词就高达3条以上，足见人们在考虑旅游、选择旅游目的地及景区时，节假日会成为重要关注因素。

2008年Topic 180、2015年Topic 111和Topic 194这三个主题是与出境游的内容相关的。2008年Topic 180这个主题里的"旅游""出境""香港""美元""欧元"这些主题词可以明显地看出，人们已经在开始关注境外旅游及可能会需要用到的币种，换言之，人们的旅游地域范围已不再仅限于国内；从2015年Topic 111和Topic 194这两个主题里的"中国""游客""日本""旅游""出境""泰国""美国""东京"

"西班牙""法国""旅游""一带一路""出境""沿线国家"这些主题词可以看出,人们对出境游的关注开始向具体到去哪些国家旅游发生转变,以及国家经济战略政策的大力推动也会促进人们对出境游的极大关注。

表1 2007—2017年代表性的旅游主题词

年份	主题	主题词
2007	Topic 94	黄金周、休假、旅游、法定、节日、职工、劳动者、景区、带薪、游客、政府、武汉、传统、调整、文化、中秋、清明、除夕、草案、正式
2008	Topic 180	旅游、市场、游客、出境、旅行、景区、休假、增长、香港、带薪、网民、美元、底特律、增加、炒作、生活、欧元、购物、拥挤、交通
2009	Topic 208	旅游、休假、黄金周、景区、酒店、旅行、带薪、北京、中秋、法定、恢复、出游、汽车、H1N1、南航、价格、甲型、内需、出境、优惠
2012	Topic 38	旅游、景区、涨价、旅行、国外、免费、消费、杭州、客流、开放、调整、北京、张家口、压力、管理、黄山、出境、昆明、减轻、自然
2012	Topic 241	游客、消费、奢侈、品牌、旅游、奶粉、国内、乳业、旅行、购物、价格、欧洲、百货、名牌、导游、品位、质量、贡献、国外、高档
2015	Topic 111	中国、游客、日本、消费、旅游、出境、购物、增长、泰国、增加、销售、美国、桶盖、儿童、东京、海外、中文、西班牙、免税、法国
2015	Topic 194	旅游、银联、新疆、一带一路、文明、旅行、消费、引导、增长、数据、商旅、航空、景区、西部、出境、战略、酒店、提升、沿线国家、游商
2015	Topic 125	高铁、劳动者、除夕、旅游、法定、经济、景区、武夷、游客、尼姑、旅游资源、通车、乡村、浙江、受益、动车、新高、上饶、黄山、补助

年份	主题	主题词
2016	Topic 98	酒店、旅游、游客、宴会、荔枝、自然、度假、莆田、景区、村落、传统、资源、服装、历史、乡村、产业、官兵、致富、生态、政府
2016	Topic 115	旅游、旅行、春运、购物、数据、出境、导游、手机、互联网、便宜、诚信、黄牛、铁路、网站、出游、目的地、酒店、百度、支付、团费
2017	Topic 1	旅游、旅行、酒店、云南、出境、景区、北京、文化、购物、地方、民俗、高档、规范、携程、品质、数据、古镇、客栈、团费、武汉

2012 年 Topic 38 里的"杭州""北京""黄山""昆明""自然"，2015 年 Topic 125 里的"黄山""上饶""浙江""武夷"，2016 年 Topic 98 里的"莆田""村落"，2017 年 Topic 1 里的"云南""文化""古镇""武汉"，从以上主题词中还能看出，人们在选择具体旅游目的地时，会去关注自然景区、文化底蕴浓厚的城市及村落古镇。表 1 所列余下的主题类似，不再赘述。

总之，除了上文重点分析的人们对节假日、出境游、旅游景区有较多的关注外，还对出境购物、如何将互联网有效利用于旅游及景点餐饮美食也有更为具体的关注，这在某种程度上提供了人们对旅游的关注之所以会呈现上升趋势的缘由。

2. 不同年份对食品关注有所侧重

从表 2 的情况来看，不同年份对食品关注有所侧重，详细分析可以发现：第一，2007 年 Topic 82 和 2010 年 Topic 166 这两个主题主要关注的是猪肉食品。查阅猪肉相关文献得知，猪肉作为我们国家的主要肉类食品，是 CPI 极为重要的影响因素，还有不少业内人士表示猪肉易出现"过山车"行情。因此，"猪肉"这种影响也就必然会引起社会的关注。

第二，这五个主题主要关注的是食品产业健康安全，仔细观察和分析各自提供的主题会发现对食品安全的关注存在细微差别。从 2008 年 Topic 124 里的"进口""出口""粮食安全""危机"等主题词显示金融危机同样影响着食品产业，使得粮食安全也被高度重视；2009 年

Topic 141、2011 年 Topic 206、2014 年 Topic 246、2015 年 Topic 98 这四个主题主要侧重于从生产过程来关注食品健康安全，对于"食品""生产"过程存在的"违法""滥用"行为和"乳业""超标""质量"相关问题，定会加大"质监局"的"专项整治"和社会"监督"，尤其是在 2015 年全面放开二胎政策之后，"乳业"一时间成为食品安全关注的焦点。

表 2   2007—2017 代表性的食品主题词

年份	主题	主题词
2008	Topic 124	大豆、中国、市场、进口、价格、产业、跨国、资本、粮食、世界、政府、出口、美元、粮食安全、开放、玉米、暴涨、危机、种植、全面
2009	Topic 141	食品、卫生、广东、凉茶、食用、枯草、安全、生产、违法、消费、中国、企业、滥用、传统、工商、饮料、营养、集团、专项整治、质量
2010	Topic 166	养殖、猪肉、产业、市场、猪油、政府、调息、亏损、猪场、炼油、农业、散养、疫病、疫情、官员、供给、恐慌、全国、猪价、模式
2011	Topic 206	蒙牛、牛奶、生产、毒素、质检、乳业、质量、超标、食品、中粮、工商、霉变、致癌、全国、奶源、安全、公告、监督、企业、质监局
2012	Topic 66	茅台、贵州、白酒、再工业化、营销、歌曲、消费、利润、遵义、艺术、酒厂、工人、价值、品牌、时代、成龙、转型、龙酒、酒类、外包
2013	Topic 53	消费、酒店、高档、餐饮、公款、下降、浪费、商务、转型、下跌、管理、价格、大众、多元、利润、萎缩、奢侈、节约、社会、禁止
2014	Topic 246	DNA、羊肉、食品、品牌、加盟、葡萄、摊点、植物、营养、鸡蛋、包装、绿色、疾病、安全、牛肉、嘉诚、防腐、食物、超市、送餐
2015	Topic 98	生产、食品、质量、婴幼、安全、品牌、乳粉、销售、奶粉、奶源、牧场、进口、养殖、奶牛、生鲜、监督、科学、保健、技术、鲜奶、监测

续表

年份	主题	主题词
2016	Topic 94	快递、冷链、成本、物流、冷藏、生鲜、常温、技术、包装、阿根廷、荔枝、设施、网络、派送、负责、满足、质量、需求、食品、冰激凌
2017	Topic 172	口味、食品、品牌、统一、推出、销售、消费、牛肉、创新、网络、品质、外卖、满足、竞争、较高、支付、送餐、蔬菜、快餐、酸菜

第三，2012 年 Topic 66 里的"酒类""遵义""茅台""白酒"这些主题词表明，2012 年对食品行业中的国酒"茅台"关注不凡。回到文本梳理茅台酒业这一年经历的"大事件"："三公"消费限令、国酒商标申请、塑化剂风波、禁酒令等风波几未中断，股民和大量消费者可谓是几家欢喜几家愁。

第四，2016 年 Topic 94 和 2017 年 Topic 172 这两个主题主要展现内容是快餐外卖。"冷藏""技术"和"外卖""派送"为食品提供了质量保证及其用餐便捷，很好地满足了大众就餐需求，随着经济水平的提升与快节奏生活方式的兴起，人们越来越愿意为这种便利餐饮"消费""支付"一定费用；要想立足于这个行业，必然要在"竞争"中注重消费者的"口味"和"品质"偏好。就目前来说，快餐外卖仍有更大的被关注空间。

3. 医疗行业社会关注内容变化

从表 3 的主题显示情况来看，关注视野主要聚焦于医保、药品药价等方面。其中，2015 年 Topic 41、2016 年 Topic 37 及 2017 年 Topic 235 中均出现了"医保"相关主题词，人们对"医保"可以说是持续关注。经过二次对应文献探查发现：2012 年国家发展和改革委员会、卫生部等 6 部门联合下发了《关于开展城乡居民大病保险工作的指导意见》，2014 年国务院全面推开城乡居民大病保险试点，2016—2017 年是国家对大病保险界定标准、报销比例和资金来源的调整年份。显然，除了2016 年和 2017 年人们对"医保"关注与医保政策同步外，其他年份并未如此，这说明医疗政策的下发与人们对他的关注并不是完全同步的，这是国家应引起重视并加以引导的地方。

表 3   **2007—2017 代表性的医疗主题**

年份	主题	主题词
2007	Topic 200	医院、医药、价格、药厂、青霉素、货价、委员会、头孢、看病、注射、药剂、降价、医师、病历、开方、货单、审核、新药、严格、病人
2008	Topic 217	药品、医院、医药、价格、暴利、药价、降价、医疗、采购、患者、公司、药厂、机制、医生、医改、发改、殡葬、亮菌甲素、专家、消费
2009	Topic 127	病毒、药材、流感、银花、价格、市场、甲型、生产、H1N1、上涨、板蓝根、涨价、中药、药厂、处方、病例、共享、成本、香囊、疫苗
2010	Topic 185	医院、全球、患者、市场、养老、中国、疾病、医疗、美国、数据、晚期、抑郁、危机、老年痴呆、政策、病人、病房、收治、肿瘤、临终
2012	Topic 131	胶囊、生产、药业、柴静、药品、药用、公司、质量、央视、结果、超标、公告、太极、分享、道德、责任、康美、四川、清贫、药典
2013	Topic 130	医院、输液、药品、卫生、患者、质量、医保、补助、点滴、过度、药性、国内、安全、挂号、排队、社区、门诊、高峰、看病、最后一公里
2014	Topic 33	医院、卵子、北京、建档、产妇、手术、妇产、产科、生育、捐赠、产房、婴儿、出院、租房、中介、孕妇、助产、协和、违法、病房、医生、试管、血型、孩子
2015	Topic 41	保险、大病、医疗、公立、统筹、社区、职工、农民工、阶层、城乡、医保、救助、减轻、药价、虚高、药费、合理、调整、药补、受益
2016	Topic 37	医疗、疫苗、卫生、健康、医保、城乡、基本医疗保险、增幅、保障、监管、医药、扶贫工程、大病、救治、集中、慢性病、政府、界定、医生、基层
2017	Topic 235	健康、商业、个人、医疗、投保、承包、政府、医保、患者、医改、全国、价格、采购、医药、保障、准入、公立、转诊、门诊、基本医疗保险

2007 年 Topic 200、2008 年 Topic 217 这两个主题主要涉及"药价"问题。"医药"行业存在"暴利"现象,而改变这种不良现象,需要大力推进医药"机制"改革,使其对"药品""价格"有所调整,此外,对"新药"还要做到严格"审核";2012 年 Topic 131、2013 年 Topic

130 主要关注的是药品质量问题，"假药"的流入和药品成分的"超标"不但是国家重点整顿的问题，也是人们切身关注的问题。

2009 年 Topic 127、2010 年 Topic 185 和 2014 年 Topic 33 这三个主题呈现的内容主要是一些比较宽泛的医疗社会问题。2009 年爆发了 H1N1 甲型流感，流感防治及其带来的药品"涨价"问题引起了当年大量民众的关注；2010 年 Topic 185 这个主题内容是老龄化社会问题在医疗行业中的体现，老年人易患的"老年痴呆""肿瘤"等"疾病"越来越受到重视，而老年化问题得到关注的同时，生育问题也不得不引起重视，2014 年 Topic 33 里所提供的主题词几乎全是与生育相关的，足见人们对生育问题的极大重视。

三 消费观念社会关注变化趋势分析

消费观念是指"人们对待其可支配收入的指导思想和态度以及对商品价值追求的取向"①。从经济学的范畴来讲，消费观念是消费领域中极为重要的内容，而公众对不同消费观念的关注变化，会在一定程度上折射出我国居民消费观念的进化轨迹和成长趋向。

为有效观测不同消费观念在这 11 年间具体的关注变化趋势，从 LDA 模型输出的不同年份的 250 个主题中筛选发现，关于消费观念的主题词不在少数，但为了保证这个年份段不同消费观念主题词的连续性，从而更好地开展关注趋势研究，本文精简选取了"品牌""健康""绿色""维权""质量""享受""个性化""国际化""体验式""奢侈""高档""名牌""便宜" 13 个消费观念范畴内的主题词作为最终的分析对象，然后利公式（$\overline{TOP_x} = \dfrac{\sum_{i=1}^{N_i} TOP_x}{N_t}$）对每个被选主题词进行平均权重计算，并将不同年份针对每个主题词计算得到的平均权重值按年度变化做成上升和下降两类散点曲线图，结果如图 2 和图 3 所示。

---

① 孙习祥、黄黔：《消费观念与扩大内需》，《中南财经大学学报》2001 年第 4 期。

由图 2 显示可知,社会关注度整体呈上升趋势的消费观念中,"质量""品牌""健康"一直受到社会公众的较高关注,遥遥领先于图中所提供的其他消费观念,其中"品牌"的关注度出现时高时低的变化趋势,变动幅度较大,而对"质量"和"健康"的关注基本呈平稳上升趋势;从年度变化情况来看,对图 2 中所列消费观念的关注热情在2013 年开始普遍高涨,2017 年达到最高点。这一关注趋势变化透视着一些传统的消费观念将逐渐被科学理智型消费观念取代,就当今而言,尽管有琳琅满目的商品,相比以往居民也有较多的可支配收入,但人们已不再高度崇尚节俭的消费观念,转而对"质量""健康"都有着更高的要求,追求的是高质量、符合人身心健康的绿色型消费。

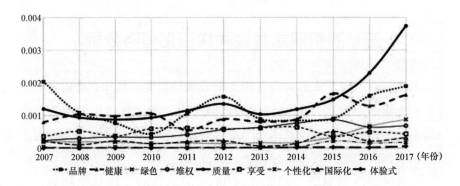

图 2 社会关注呈上升趋势的不同消费观念

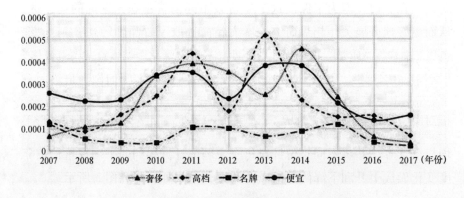

图 3 社会关注呈下降趋势的不同消费观念

图 3 是 13 个消费观念主题词中去除 9 个呈上升趋势主题词之后剩余的 4 个主题词。就公众关注热度而言,对"高档""便宜""奢侈"的关注要明显热于"名牌";从关注变化趋势来看,这 4 个消费观念主题词的关注度在 2007—2009 年("奢侈"除外)、2011—2012 年、2013—2017 年这三个年份段几乎都是呈下降趋势,尤其是在 2013—2017 年可以说是持续下滑。也就是说,近年来人们收入水平所产生的消费力尽管有很大提高,但人们不再片面购买持久耐用的"便宜"商品,对"高档""名牌""奢侈"这种具有社会表现功能的符号化消费也有逐年减弱倾向。

四 消费行为社会关注变化趋势分析

消费行为同样是研究消费领域的重要分支,是指"消费者为获得所用的消费资料和劳务而从事的物色、选择、购买和使用等活动",其主要表现为购买行为。本研究主要从购买方式、购物地点、支付方式三个方面来探讨对消费行为的关注变化趋势。

(一) 购物方式

采取与消费观念部分同样的选词和计算原则,精选出了"网购""团购""海外代购""外卖"这 4 个与购物方式最具相关性及连续性的主题词,并对应地将计算所得到的平均权重值按年度变化做成趋势图(见图 4)。

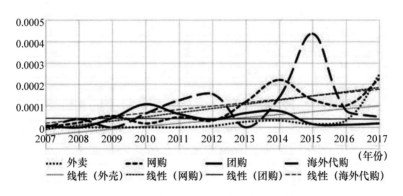

图 4 不同购物方式的关注变化趋势情况

由图4可知，对"网购"和"海外代购"的关注变动幅度显著，其中，"网购"整体上呈现出上升关注趋势，应该说，这种关注热情的高涨与较多人群的逐年广泛利用是分不开的；"海外代购"在2007—2015年，除了2013年处于低迷关注外，整体关注热度涨幅较大，并在2015出现了关注高峰，关注势头明显超过其他三种购物方式，此后在2015—2017年转入急剧下滑趋势，2016年之后已落后于"网购"和"外卖"，这与现有诸多文章所说的海外代购发展前景大好①是相矛盾的，究其原因可能与中国品牌、本土产品的快速崛起，一定程度上满足了大众的购物需求从而降低了其对国外产品的依赖有关，同时"逆代购"现象的出现也是有力佐证之一②。

另外，对"团购"的关注尚未出现大幅度变动情况，呈略微下降的趋势。而难得的是，2016年之前，对"外卖"的关注在这四种购物方式中处于最低水平，但2016年之后关注势头尤为趋显，并在2017年已赶上且超过对其他三种购物方式的关注，这正好契合了中国商业十大热点中的外卖分析结论③。

（二）购物场所

同样采用上述的选词原则，首先精选出了"实体店""网店""菜市场""农贸市场""超市""便利店""小卖部""集市""夜市""商场""购物中心"11个与购物场所相关的主题词；其次将"实体店"和"网店"这两个代表线下线上的主体词按照消费观念部分的计算公式计算出对应的平均权重值；再次将剩下的9个主题词分别聚类命名为：农贸市场（"菜市场""农贸市场"）、实体快销店（"超市""便利店""小卖部"）、露天市场（"集市""夜市"）、大型商场（"商场""购物中心"）四大类，然后分别计算出每一类所包含主题词的权重加权值，最后将"实体店""网店"平均权重值和每一类所包含主题词的权重加权值做成散点曲线图，如图5所示。

---

① 姜苏梅、田颖、邵川：《浅谈海外代购的前景》，《时代金融》2016年第12期。
② 王石川：《海外"逆代购"呼唤中国品牌》，《人民日报》2016年8月5日第5版。
③ 详细内容参见《2017年中国商业十大热点展望之六》中商联专家工作委员会供稿。

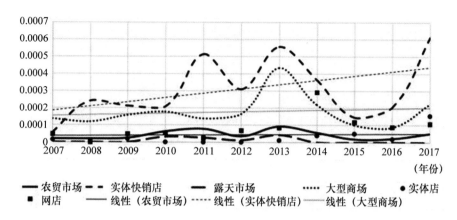

图5 不同购物场所的社会关注变化趋势

从图5中散点分布情况来看，对"网店"的整体关注热度要高于"实体店"，这与"网店"的迅猛发展所带来的购物便捷有很大关联。此外，在2014年对两者的关注出现了较大差距，但其他年份的关注差距较为平稳；从曲线变化可以看出，实体快销店和大型商场的关注趋势变动幅度较大，尤其是实体快销店，且在2011年、2013年、2017年表现出了强劲的关注势头，而农贸市场和露天市场的关注趋势可以说变化不大。引人注目的是，实体快销店和大型市场整体关注热度明显高于农贸市场与露天市场。这些关注趋势变化不难验证，随着众多日常生活用品不断入驻实体快销店和大型商场，使得大量消费者能够实现"一站式"购物，而且伴随国家对城市环保督查力度的加大，会促使不合规格的农贸市场及不利于城市环保建设的露天市场逐渐退出，以至于实体快销店和大型商场会得到广泛关注。

（三）支付方式

依旧采取上述的选词和购物场所部分的聚类计算原则，将支付方式分别聚类为：网银支付（包含"网银""网上银行""支付宝"）、现金支付（包含"现金""现金支付"）、刷卡支付（包含"刷卡""用卡"）、移动支付（包含"移动支付""微信支付""扫码支付"

"支付宝"①）网银支付四大类，并将各类所包含主题词的主题权重加权，进而利用加权值做成曲线图（见图6）。现金支付和刷卡支付尽管趋势变化幅度较大，但由于在日常消费中有相当一部分人会采用这两种支付方式，使得整体上还是有较高的关注度；而网银支付基本上处于平稳的关注状态。不过，关注势态强劲的是移动支付，这一支付方式自2014年出现后，关注热度快速上升，表明移动支付能够在相当程度上代替一些传统的支付方式，还有就是现金支付的关注度从2015—2017年呈明显上升趋势，经过二次对应文献探查发现，扫码支付方式替代更多的是现金支付方式，两者常被一起讨论更加促进了对现金支付的关注。

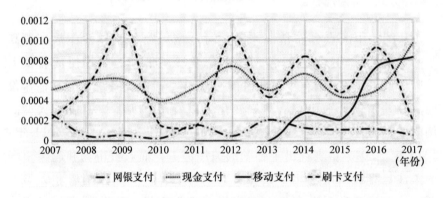

图6　不同支付方式的社会关注变化趋势

五　结论

本文利用 LDA 主题模型对 2007—2017 年人民网每日经济新闻排行榜有关消费领域内容进行了梳理，从消费行业、消费观念、消费行为三个方

---

① "支付宝"在移动支付出现前（2007—2013 年）属于网银支付方式，在移动支付出现后（2014—2017 年）又成为移动支付的代表，为了更好地呈现趋势变化，将其两个年份段权重分别加入对应的支付方式类别中。

面对消费领域社会关注中的一些具体问题展开了分析，得出了以下结论。

首先，消费行业的社会关注度差异显著。基于上述消费行业关注趋势的变化分析可知，关注度较高的多集中于基础民生性和新兴的消费行业，如交通运输、教育及旅游等；在其具体内容关注上，比较热于关注的还是人们日常分不开的一些消费行业，如医疗、食品等。

其次，科学理智型消费观念整体关注度不断上升，符号化消费观念有所减弱。消费观念层面更多关注的是"质量""品牌""健康""绿色"，逐渐倾向追求符合人身心健康的绿色型消费，近年来对"高档""名牌"这种符号化消费观念的关注度呈现出逐年下降趋势。

最后，消费行为的社会关注度受互联网影响明显，以互联网为载体的购物方式、购物地点和支付方式越来越受关注。购物方式中"网购"一词的社会关注越来越高，且网购所包含的内容也越来越丰富；购物地点方面对"实体店"的关注不如"网店"热切；支付方式层面，逐渐热衷于"移动支付"且在一定程度上替代了传统支付方式。

针对消费领域，至今已有大量以经济数据和调查数据为基础的投资决策咨询参考类文献，这些研究为人们了解消费领域中特定消费行业的宏观走向、拟定某些消费行业的发展规划等方面提供了借鉴参考。但由于这些文献的经济属性过强，并不能很好地反映出人们在消费行为、观念和认知结构等方面的变化趋势，而这些因素反而对消费领域的变化能够发挥更根本的决定性影响。本研究引入 LDA 主题模型文本分析技术，能够实现对大规模文本的数据化研读与主题提炼，克服了传统规范研究难以逾越的方法困境，以此技术对消费领域社会关注变化趋势进行探析，其研究结论能够很好地反映基于人们日常生活中的一些变动趋势，在一定程度上补充了纯经济性消费研究报告的不足。除此之外，这种研究还有助于尝试一种新的研究范式。

当然，本文是将大数据众多方法中的 LDA 主体模型这一具体技术应用于消费领域进行研究的一次初步尝试，还处于初探阶段，在数据文本的选取与处理上仍不够充分和彻底。对于这一点，未来的研究将会逐步完善。

美国对华态度及经贸往来的长期趋势新探
——基于情感分析的方法*

王建红　冉莹雪　李金原

一　引言

在中美两国的交往中，美国对华态度走势以及经贸往来发展究竟有何关联一直是学术界有待研究的重要问题。通过了解美国领导人对华公开发言的话语情感趋势，探究其与经贸往来变动趋势的关系，将有助于预判与把握中美关系走势，加强对经贸往来变动趋势的预测。在美国对华发动贸易战的背景下，对这一问题的研究变得更加重要。

从现有文献看，这方面的研究并不多见，而对于中美关系以及中美经贸往来的现有研究概括起来有以下特点：（1）研究方法相对传统。大多数学者依然利用传统的理论与历史研究方法对历史事件展开描述与罗列，通过阶段划分、数据统计等进行学理分析等①，还有学者以调查问卷的形式对中美经贸展开趋势判断②，这些传统方法得出结论的说服力在当今时代已略显不足。部分学者已逐渐采用新资料新方法研究中美

---

* 原文刊发于《经济论坛》2020 年第 2 期。

① 员雪娇：《中美关系现状及趋势预测分析》，《东方企业文化·百家论坛》2013 年；杨洁勉：《中美外交互动模式的演变：经验、教训和前景》，《美国研究》2018 年第 4 期。

② 李钢、李欧美：《经济学家对中美经济比较与互动的判断》，《中国经济学人》2017 年第 4 期。

关系问题，如阎学通和周方银①、李少军②、庞珣和刘子夜③以及池志培和侯娜④分别采用基于海量事件库 GDELT 的每日事件的数据分析、构建"冲突—合作模型"、建立双边关系赋值系统与测量标准等方法对中美关系程度展开量化研究，得出了一些重要结论，但这一研究方法尚难以解决两国关系具体衡量与互动关系刻画的问题。（2）研究对象新意不足。大部分文献仍基于美国政治举措展开追踪与分析，瞄准两国政策、案例事件等横向或纵向地进行归纳与总结⑤，但由于研究对象所涉及的覆盖面有限且具有通识性，研究的创新性相对不足。已有学者开始针对美国总统的涉华言行进行研究，如王秋怡⑥对特朗普涉华推文反映出的对华思维进行了分析，但尚缺乏全面深入的研究。（3）研究视角有待丰富。如今对于中美经贸往来问题尤其是自贸易摩擦以来的分析与研究更侧重于某一特定方面，关联性研究相对较为缺乏。也有学者对双方关系乃至经贸往来发展趋势进行预测，但大多基于经验总结而非客观数据展开科学预测与评估⑦，研究角度相对单一；也有学者对中美政治与经济间关系作出研究与解释，提出了中美政治与经济关系没有同步性

---

① 阎学通、周方银：《国家双边关系的定量衡量》，《中国社会科学》2004 年第 6 期。

② 李少军：《"冲突——合作模型"与中美关系的量化分析》，《世界经济与政治》2002 年第 4 期。

③ 庞珣、刘子夜：《基于海量事件数据的中美关系分析——对等反应、政策惯性及第三方因素》，《世界政治》2019 年第 5 期。

④ 池志培、侯娜：《大数据与双边关系的量化研究：以 GDELT 与中美关系为例》，《国际政治科学》2019 第 4 期。

⑤ 张继业、郭晓兵：《〈美国国家安全战略报告〉评析》，《现代国际关系》2006 年第 4 期；杨洁勉：《〈美国国家安全战略〉报告和大国关系》，《美国研究》2002 年第 4 期；金灿荣：《中期选举与未来美国政策走向》，《现代国际关系》2006 年第 11 期；陶文钊：《改变美国政治生态中期选举》，《国际问题研究》2007 年第 1 期；丁variable文：《中美关系中的美国国会因素》，《国际问题研究》2003 年第 5 期；潘悦：《全球化背景下的中美贸易冲突：缘起、影响与走势》，《改革开放与现代化建设》2019 年第 1 期；张一飞：《改革开放以来中美关系"压舱石"的演变进程、内在动力与未来走向》，《国际经济评论》2019 年第 2 期。

⑥ 王秋怡：《从涉华推文看特朗普对华思维》，《人民论坛》2018 年。

⑦ 李琪、谢廷宇：《新时代中美互利共赢的经贸合作关系研究》，《价格月刊》2019 年第 6 期；宋国友、张家铭：《从战略稳定到战略冲突？中美建交 40 年的经贸关系发展评估》2018 年第 6 期。

甚至相关性也并不明显①的观点，这一观点也有待检验和再探讨。

　　综上发现，虽然中美关系视角下的两国经贸往来研究一直是热点领域，但在研究方法、对象和视角上还有待创新与拓展，鲜见对美国总统对华态度及其与两国经贸往来关系的研究。在美国政治体制下，美国总统"公开发言"能很好地代表美国政府的态度，但其中内涵的对华态度一直未被国内学者所重视。那么，美国总统公开发言中内涵的对华态度变化趋势如何？与双边经贸往来是否具有相关性？这些问题值得深入探讨。为此，本研究拟运用情感分析工具，在量化与统计分析的基础上，对1977—2019年美国历届总统公开发言中提及中国时的情感态度做趋势分析，并将其与两国经贸往来的相关数据做比较研究，希望为中美关系和经贸往来的相关研究提供一种新的方法，为相关预测研究提供一种新的思路。

二　研究方法与数据处理过程说明

（一）研究方法：基于 R 语言的情感分析

　　情感分析的研究方法概括而言就是借助语言文本信息中的情感倾向性进行判断和正负赋值的文本分析过程。具体来说，在此研究中运用的 R Syuzhet 就是以自然语言文本作为分析对象，按照其内部情感词典的标准模型对每个单词的情感值进行赋值，即正向情感词汇的情感值取大于 0 的数值，负向情感词汇的情感值取小于 0 的数值，并以此为评判标准计算每一句的情感值，最终以每句话的情感得分总值为呈现单位。

　　本研究最终搜集到的情感分析对象是1977—2019年美国历届总统在公开发言中提及中国一词时的话语，这些内容文本量较多，且所涉及的领域与方面庞杂繁多，若利用传统的文本内容研读的方式不仅是庞大且复杂的工作，还易受个人主观感情因素、无关文本内容等影响，故仅

---

　　①　阎学通：《加大的政治影响力——非同步的中美政治与经济关系》，《国际贸易》2002年第12期。

仅依靠人工研读无法客观、科学地对其所表达的情感态度做出分析处理。而基于数据统计的情感分析工具，可以在情感词典的客观评分下避免主观因素的情感倾向性干扰，并能够科学掌握文本整体语言的情感演变。依此做出的分析更为客观与真实，使结论更具有合理性与说服力。

（二）数据来源和研究过程说明

本研究的文本对象全部来源于"The American Presidency Project"①，此网站收录了美国历届总统的公开文件文档 13 万余条记录，包括总统在各种场合的公开发言、采访、评论、新闻报道、竞选等多种类型文件。通过高级检索，选定包含有关键词"China"的文件，时间跨度选定为 1977—2019 年②，并选取每位总统在任时期对应的公开发言文件。具体步骤包括：首先，借助 Python 技术进行网络文本抓取，获取 1977—2019 年美国历届总统在提到"China"的公开文件，去除掉无效文本后，共获得 945 个文本文件。其次，进行格式标准化处理和分年归档处理，形成 43 个子文本文件。再次，在以 X 轴参数为 10 的标准下生成每位总统任职时每年公开发表的文件文本的情感曲线，运用 dct-values 参数，将每年曲线数据标准平均化为 10 个数值，输出到 CSV 后继续做均值处理，得出该年子文本文件的整体情感平均值。最后，利用 ECharts 分别 43 个整体情感平均值数据导入并生成总的情感趋势曲线，呈现可视化效果图。

此外，本研究经贸往来数据均来自于《中国统计年鉴》（1981—2018 年）③。其中"对外经济贸易"与"旅游"一级分类中的"按国别划分"，能够区分不同国家间的经贸往来情况的数据有：海关货物进出口额、实际利用外商投资额、对外经济合作完成营业额以及接待入境游客人数四类指标。本研究均选取其中国别为美国的数据点，并对其逐年增速进行计算与记录，以此反映美国对中国的经贸往来变化情况。

---

① 详见 https：//www. presidency. ucsb. edu。
② 数据选取截至 2019 年 6 月 18 日。
③ 《中国统计年鉴》于 1981 年开始出版，可查数据最早记载于 1979 年。

三　数据结果分析

（一）总统公开发言对华情感长期趋势及其验证

在对长达 43 年的年均情感值做可视化处理后，将具体的年情感平均值呈现出曲线（见图 1）。

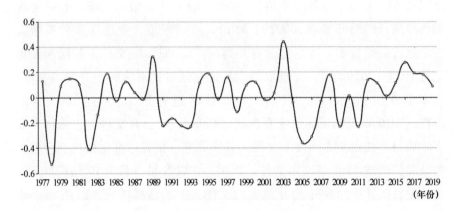

图 1　美国总统对华公开发言情感变化

但由于较多数值共同记录在同一折线图中起伏较大且规律性趋势难以较好呈现，故通过 R 的平滑拟合处理，得出图 2 的拟合版本，横轴以年数表示时间序列。其中，三条曲线分别代表了三种拟合方法得出的结果，即通过黄土函数（Loess Smooth）、移动平均值以及离散余弦变换作出平滑曲线。

从图 1 中可看出，三种拟合办法都比较一致地反映出，在 43 年间美国总统公开提及中国的文本中共出现三处情感高峰与三处情感低谷。

1977—1988 年，正值中美关系正常化的第一个十年，呈现出较多负面情感的态势，此阶段情感构成第一处情感低谷区。卡特总统 1977 年执政后，虽见证了中美关系正常化与新篇章的开启，但直至 1981 年初里根总统上任时，中美关系仍处于危机之中，双方在台湾、人权等问题上还有较多摩擦，这也正是契合了前 5 年中情感拟合曲线由高转低并

一直处于较低态势的情感态度，离散情感值始终保持在 0 以下。但是自
1983 年起，中美排除多重阻力，双方关系逐步走上正轨，1984—1988
年中美关系获得相对稳定发展，也亦成为两国关系的较佳时期①。1984
年里根访华、1985 年李先念访美是中美关系好转的重要标志。图 1 中
也可清楚看出 1983 年之后的情感值均大于 0，且图 2 也显示出约从第 5
年开始情感曲线呈缓和升高趋势并于第一个 10 年节点处达到第一处情
感高峰值，可知中美关系总体上是沿上升路线与"和解"方向发
展的②。

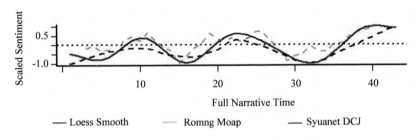

图 2   美国总统对华公开发言情感变化拟合曲线

1989—1997 年，处于中美关系动荡的新阶段，整体情感曲线呈持
续走低后逐渐升高的趋势。在东欧剧变、苏联解体的国际背景下，第二
个十年间情感态度自第一处高峰区大幅下降并持续走低至第二处情感低
谷区。低态势的情感走向一直持续到 1993 年，在此期间，美国的对华
态度由友好合作转变为制裁与高压政策，并不断在贸易、人权、知识产
权、监狱劳动产品、留学生等许多问题上给中国制造麻烦③。而自 1994
年之后，美国对华政策进行了调整，中美关系的滑坡得到控制，美国开
始奉行接触又防范、对话又制约的政策，并体现为"接触＋遏制"。至
此，即使双方固有矛盾依然存在，但两国关系趋向回暖与改善，通过

①　赵志鹏：《1984 年里根总统访华中美共同抗苏出现短暂蜜月》，http：//news. sohu. com/
20081219/n261318841. shtml，2008 年 12 月 19 日。

②　Harry Harding，"Has U. S. China Policy Failed?"，*The Washington Quarterly*，2015.

③　牛力、赵月霞：《从老布什到小布什看美国对华政策》，《文明与宣传》2001 年第 2 期。

1997 年江泽民访美、1998 年克林顿访华可以看出双方开始致力于关系调整并展开全方位的有效对话。第二个十年的后半段情感曲线呈上升趋势至第二处高峰区也亦可得出。

1998—2008 年，处于中美建交的第三个十年，期间经历了诸多突发性重大考验。当对该阶段的情感趋势曲线与历史事件相比对时可发现，1999 年中国受到以美国为首的北约集团轰炸中国驻南斯拉夫联盟大使馆的严重损害，并于 21 世纪初面临由于美国军机抵近中国侦察而导致两国军机相撞的严重事件[①]，这与对应该年份中的较高情感走势似乎不太相符。但可以理解的是，尽管这些事件的性质与后果较为严重，激起了国内情绪的极大不满，但在没有准备彻底决裂之前，美国在话语上表现相对温和。并且 2001 年美国 "9·11" 事件之后美国联手中国共同反对恐怖主义，这为中美之间提供了战略合作新契机，加强了双方间对话交流。尽管如此，此十年中的后半阶段情感仍呈大幅下降趋势，据此可追溯到小布什上台后曾一度把中国视为战略对手并采取预防性遏制的对华战略上。小布什上任后以 "战略竞争对手" 的对华关系定位代替克林顿政府的 "建立建设性战略伙伴关系" 并表现出强硬姿态，其在评论、发言等公开文件中的情感值也多为负向，也由此可以解释这一时期为何情感曲线呈由高走低趋势。

2009—2019 年，正值中美建交第四个十年，两国在竞争中保持务实合作。从该阶段的情感曲线可看出，正是奥巴马上任以来，其对华情感值从第三处低谷区逐渐上升，并达至第三处情感高峰区。相对于布什政府的强硬，奥巴马政府对华政策相对温和。在奥巴马政府初期，其继承上届政府的 "两面下注" 对华政策，同时美国深陷 2008 年金融危机泥潭中，年均情感值在其附近几年也都呈负值。但尽管如此，对于双方而言相互支持、继续合作无疑是严峻危机面前的解决之道。故美国对于中美关系和与中国发展更广泛合作较为重视，突出两国关系中的 "合

---

① 沈丁立：《中美关系 40 年：回顾与前瞻》，《美国问题研究》2009 年第 2 期。

作面"，这也可从其后的情感态势持续转好中看出①。不仅如此，奥巴马政府的内政外交团队中温和派居多，其主张的合作因素也基本超越对抗因素。此外，在奥巴马执政期间，在两国关系经历大起大落之时高层间会晤发挥了"稳定"作用，以中美战略与经济对话为起点，以"习奥会"为契机，两国在管控分歧中改善双边关系气氛，在尖锐争议问题上取得显著进展，向外界释放出更多的积极信号，甚至是在 2016 年的公开文件中对华情感升至该阶段最高点。值得注意的是，自特朗普上台后，将持续降低的年均情感值对应到其对华实行的一系列强硬做法能够说明具有一定趋势性与规律性的对华态度表现。

综上，情感曲线的形成具有一定的解释与验证作用，其变化趋势与历史事实相符，具备科学性与合理性，故可作为下一部分比较分析的基础曲线进一步应用。

（二）与部分经贸往来指标变动趋势的比较分析

在整体情感曲线的基础上，选取我国同各国（美国）海关货物进出口总额、外商（美国）投资额、对（美国）经济合作完成营业额以及按国别分外（美）国入境游客人数这四类指标数据，考虑到全球化趋势的逐步深化，中美经贸往来各指标总额度一般都处于上升趋势，为使数据具有可比性，对比效果更加客观，本研究分别计算了上述四类指标的增速作为最终数据，并分别结合情感曲线进行可视化比对，以观察其中的关系规律。值得说明的是，上述数据处理的优势之一是，可以消除四类指标的计量单位、标准不一等问题造成的差异，而更直观地对整体趋势做对比分析。

1. 与中美海关货物进出口总额增速的比较分析

中国同美国海关货物进出口总额的数据记载可追溯到 1979 年，由于国家统计局官网的一手资料截至《中国统计年鉴 2018》，即记录为 2017 年的相关统计数据，故与之匹配的情感曲线将选取 1979—2017 年

---

① 卞庆祖：《奥巴马政府 8 年的对华政策与中美关系》，http：//www．cpaffc．org．cn/content/details25 - 70671．html，http：//www．cpaffc．org．cn/content/details25 - 706 71．html，2016 年 12 月 25 日。

时间范围内。通过计算增速后进行可视化作图，两者变动趋势的对比情况如图3所示。

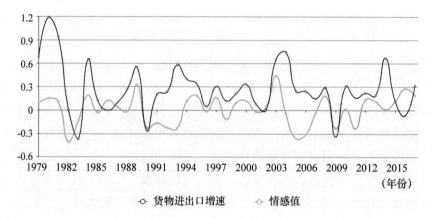

图3　中美海关货物进出口增速与美总统对华情感变动趋势对比

由图3可知，中美货物进出口增速与情感变动趋势在大体上呈正相关关系，甚至在多时期内两者关系表现出完全一致的走势。尽管中美货物进出口增速与国民生产总值、居民消费水平、人民币对美元汇率等众多经济学指标密切相关，但不难发现，图3中的验证结果能够在一定意义上说明其与美国总统对华态度的情感走势有相当大程度的契合度与一致性。值得注意的是，自2012年起，两条曲线的相关性程度有所下降，甚至在2014年、2015年出现截然相反的曲线走势，但经过适度平移与调试后可得出，在此阶段中增速曲线相伴于情感曲线出现，即在情感曲线发生波动后，增速曲线才随之呈现出较为相似的趋势，且能够大致与之对应。因此可得，中国同美国的货物进出口增速水平在某种程度上与美国总统提及中国的公开文件中的情感走势相一致，而且情感走势具有一定前瞻性，能够在一定意义上通过对总统公开文件的情感分析为中美进出口贸易发展做出预测。

2. 与中国实际利用美国投资增速的比较分析

统计年鉴中关于实际利用（美国）外商投资额（外商直接投资与外商其他投资额总和）的记载起始于1985年，但是查阅统计数据发现，

1992 年（51944 万美元）和 1993 年（206785 万美元）之间的数据有一个超常变化，增长了 2.98 倍。虽然 1992 年党的十四大确立了社会主义市场经济体制，国外投资可能会有快速增加情况，但是出现如此大幅度的变化，仍然难以让人信服。本研究怀疑这种超常变化可能与统计口径等统计技术问题有关，但在查阅相关资料尚未找到直接的印证。为了研究的严谨性与科学性，1992 年与其之前的数据做暂时剔除处理，在此仅使用 1993—2017 年的中国实际利用美国外商投资额，计算增速后将增速曲线与对应年份的情感变动曲线进行对比（见图 4）。

由图 4 可知，美对华投资增速与对应年份的情感走势呈显著的正相关关系，且具有较高的契合度与一致性。据此可说明我国实际利用美国外商的投资情况与美国对华态度的变化趋势紧密相关。也就是说，中国实际利用美国投资的规模与效益日益增加，但并非毫无规律可言，其增速变动趋势与美国对华情感变动趋势相辅相成，两者的峰值与低谷具有较为一致的对应性。两者的关系启示我们，其中任何一方的变动趋势都可作为预测另一方变动趋势的重要指标，这对于中美关系的未来预判、中国利用美国投资的发展规划具有重要参考意义。

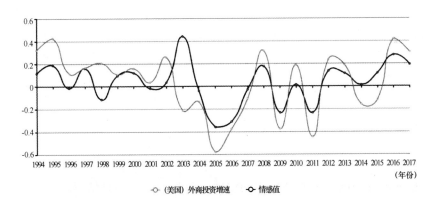

图 4　中国实际利用美国投资额增速与美总统对华情感变动趋势对比

3. 与中国承包美国建设工程项目的完成额增速的比较分析

此部分数据的记载起始于 1998 年，是对于中国对美国对外经济合作中"承包工程"完成营业额一项的选取，即中国承包在美国建设工程项目的完成额，在计算其增速后进行可视化制图，得到完成营业额增速变动与情感值变动对比（见图 5）。

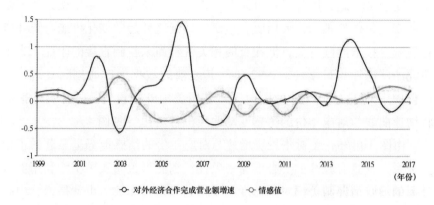

图 5 中国对美经济合作完成营业额增速与美总统对华情感变动趋势对比

由图 5 可知，直观而言，中国对美经济合作完成营业额增速情况与情感值呈较为显著的反相关关系，特别是图中有多处相反的曲线走势，但实际并非如此。通过对曲线的适度平移与观察可知，更合理的解释应该是美国总统对华态度的变化滞后于中国对美经济合作完成营业额增速的变化。亦即，中国对美的经济合作是先导性因素，中国在美的承包工程、劳务合作等方面的建设完成情况会对美国对华态度的变化具有一定的前导性意义。为此，应及时监测与获取中国对美经济合作发展动态，积极构建相关数据指标预警机制，以便于准确把握美国对华态度趋势，采取主动防范与应对措施，促进双边关系有序发展。

4. 与中国接待美国入境游客增速的比较分析

本研究选取自 1981—2017 年的中国接待美国入境游客人数，计算增速数据后连同情感值作可视化变动趋势对比分析（见图 6）。

由图 6 可知，两条曲线呈部分正相关关系，且具有相关性关系的部分所显示的趋势呈高度契合状态，可见中美双方的对话往来体现在旅游业方面也具有突出表现与密切关联。2003 年的背离趋势与该年爆发的"非典"疫情有关，其对于旅游观光、过境流动的影响较大，便使得两国的人员往来受限于此，可为背离趋势做出一定合理解释。毋庸置疑，

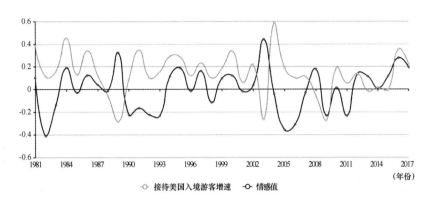

图6　中国接待美国入境游客人数增速与美总统对华情感变动趋势对比

在美国的政治体制下，美国总统的公开发言具有广泛且普遍的影响力。而游客往来受签证和出入境管理的直接影响，对外交关系和国际政策变化极其敏感，能够在较短时期内快速反应并产生相应的数据结果，故通过对美国总统提及中国的公开发言的情感分析与统计，可为中美旅游业的发展与规划提供较为及时的参考与借鉴。

四　结论与探讨

（一）美国总统公开发言情感分析的应用价值

美国对华态度在一定程度上可以由美国总统"涉华"公开发言的情感倾向所代表。从数据上看，美国总统公开发言的情感变动趋势与政府外交政策及双边关系发展具有明显的相关性，总体上的情感变动趋势与历史事件的比对能够在一定程度上形成对应。因此，对美国总统公开发言文本的情感分析具有一定的科学性，能够反映美国对华态度的总体趋势，能够在一定程度上成为中美关系预测研判的参考依据。从理论上看，政治领导人作为国际政治舞台上的重要行为主体，对于外交决策和国际关系的发展发挥着重要甚至是决定性的作用①，尤其是在美国总统

---

① 王一鸣、时殷弘：《特朗普行为的根源——人格特质与对外政策偏好》，《外交评论》2018年第1期。

制下，美国总统公开发言所内含的情感态度必然对国家内政外交产生影响，所以研究美国总统公开发言的情感变动及其趋势，必然对相关问题的预测研判具有较强的参考价值。

（二）情感态度变动趋势与经贸往来的关联性分析

通过美国总统对华情感与经贸往来指标数据变动趋势多组对比分析，可发现：在中国同美国海关货物进出口增速、中国实际利用美国投资额增速、对外经济合作完成营业额增速、中国接待美国入境游客人数增速这四组数据的长期变动趋势与总统公开发言中的对华情感态度具有显著关联性，可以初步认为两者间具有一定的相互预测意义。

一方面，美国总统对华情感与海关货物进出口增速、实际利用（美国）外商投资额增速、接待美国入境游客人数增速三大指标的变动趋势，除去个别数据点外，表现出了良好的一致性。据此可以说明，美总统对华情感指数能够在一定程度上对中美经贸往来的变动趋势进行合理预测，从而有助于规避风险，提前规划，推动中美经贸往来高质量发展。

另一方面，美国总统对华情感与对外经济合作完成营业额增速的变动趋势对比虽看似呈相反趋势的关系，但实际是滞后对应关系，可体现出对外经济合作完成营业额对于情感变化趋势具有先导性作用，能够据此对美国总统的对华态度乃至其所预示的对华政策走向做出合理预测，从而为我国及时预警外交风险，主动调整对美政策，提升战略话语权与主动权，做出正确决策提供依据。

当然，目前本文采用情感分析的方法研究经贸往来乃至国家关系问题仅仅是一个初步尝试，还有待进一步完善，相关指标的选取还不全面，基于文本的情感分析方法还在初步探索阶段，但本研究的结论的确能在相当程度上确立并验证美国总统公开发言的情感趋势与历史事件、经贸往来数据指标具有良好的关联性。在未来可以沿着这一方向加强研究，探讨其中的原因和机理，找准关联机制，深入挖掘，争取建立完善的预测模型，为中美乃至更多国际关系走势的预测分析奠定基础。

人民美好生活需要层次划分的经验性研究

——基于网络问政文本的大数据分析*

代 斐

随着经济社会的快速发展，人民群众对于美好生活的需要日益强烈，并呈现出丰富多样的特点。许多学者都从必要性和重要性的角度强调，必须把握人民群众需求，落实人民主体地位，然而从经验性角度入手，切实分析人民群众需要的具体呈现，尤其是对需要层次的研究，则相对缺乏。因此，如何科学准确地把握人民群众的美好生活需要及内部层次结构，进而有效地回应人民美好生活需要是当前社会值得关注的理论与现实问题。

本研究利用 LDA 主题模型对 2010—2019 年全国性网络问政平台中"投诉""求助""咨询""建言"四大留言类别的留言文本进行大数据分析，基于四大留言类别诉求内容的差异性并以此为依据，凝练总结出四种的需要层次，旨在构建一个适合当前社会发展特征、贴近人民现实需求的美好生活需要内部层次框架，在经验基础上对马克思的需要层次理论进行具体化和时代化的同时，以期能够为相关政府部门制定政策满足人民美好生活需要时提供思路参考和理论借鉴。

＊ 本文系作者 2020 年华北电力大学硕士毕业论文。

一 人民美好生活需要层次划分的必要性及思路

（一）人民美好生活需要层次划分的必要性

1. 人民美好生活需要层次划分的重要意义

"美好生活需要"这一概念的提出，是对人民群众内在诉求的时代新表述，充分做好美好生活需要的理论研究工作，尤其是层次划分研究，对于更好地认识和把握人民美好生活需要，深刻领悟习近平新时代中国特色社会主义思想，实现人民对美好生活的向往具有一定的理论与现实意义。

一方面，对美好生活需要进行层次划分是理解和满足人民美好生活需要的前提和基础。需要是推动个体与社会发展的动力，"美好生活需要"这一概念代表的是中国政治语境下人民群众需要的总体表达，归根结底，仍属人的需要范畴。对人的需要作出适当划分，有助于认识需要和满足需要。进入新时代，人民的美好生活需要变得日益丰富和全面。这种丰富和全面，既体现在需要的横向多样上，又体现在需要的纵向多层上。科学把握其层次结构，明晰人们的需求所在，既有利于找准当前社会发展改革中的问题和症结所在，又能为推进中国特色社会主义事业向前发展、制度健全以及理论创新提供动力源。

另一方面，构建美好生活需要层次是政府开展工作的现实需要。在中国特色社会主义的伟大建设实践中，不断满足人民美好生活需要，是社会主义的本质要求，也是我党的执政理念和政府的价值目标，更是国家治理体系和治理能力现代化的内在要求。从政府角度来讲，在有限的服务资源下，虽无法满足每一个人日益丰富多元的需要，但可以有针对性地瞄准社会整体共同关注的需要层次进行精准发力，这就要求在实现人们对美好生活追求的过程中，应当分阶段、有步骤地进行，对美好生活需要进行细化分层，以弄清哪些需求是符合当今实际发展状况、具有可行性并且是符合人民的根本利益的，分析哪些层次的需求具有紧迫性等，从而以满足这些需求作为党和政府工作的出发点和重点。

由此可见，美好生活需要层次划分可以为党和政府在具体工作中进行决策部署和任务分解提供方向参考。

2. 人民美好生活需要层次划分相关研究的不足

中国特色社会主义进入新时代，人民群众的物质文化需要转变为美好生活需要。美好生活需要作为中国特色政治语境下极其重要的概念，哲学社会科学工作者应做好美好生活需要相关的论证分析工作，这是推动中国特色社会主义向前发展的必然要求，也是当前学术研究的重要任务和使命。

从目前研究现状来看，学界对美好生活需要的研究主要集中在"怎么来""是什么"和"怎么办"三方面，梳理了美好生活需要提出的理论基础、历史和现实逻辑，辨析了美好生活需要的概念内涵、价值特征等，区分了美好生活需要的类型性质，并从理论与实践层面探讨了美好生活需要的实现路径。总之，学者们已经注意到美好生活需要是一个内涵和外延十分丰富的理论命题，应对其进行科学把握和解释，并基于各种视角对其展开研究，在各自的框架内得出了许多真知灼见。

然而，现有成果中仍有两点不足：一是对美好生活需要的研究仍停留在理论推演层面，过于空泛和抽象，一定程度上缺乏现实刻画和具体呈现，应将这种抽象的理论概念与民众的现实需求结合起来进行研究。二是对美好生活需要体系的内部构成研究缺乏，尤其是对美好生活需要层次划分问题关注不足。现有研究成果初步表明美好生活需要是一个层次性概念，将其看作是一种更高层次的需要，但还没有充分注意到美好生活需要内部层次差异。在一些研究中，往往把美好生活需要以需要的内容和需要的领域为依据，进行笼统的分类研究。因此，有必要加强对美好生活需要层次划分研究。

（二）人民美好生活需要层次划分的基本思路

社会发展的实践证明，人的需要具有历史性和层次性。新时代的美好生活需要作为人的需要体系中的重要组成部分，也必然具有层次性。在带领人民实现美好生活需要的伟大实践中，应按照马克思主义唯物史观主张和强调的那样，从现实的人的现实需要出发，将美好生活需要现实化与具体化，以此来构建新时代美好生活需要层次结构。

就当今社会发展状况而言，最能集中反映人民现实需要的资源条件中应属网络问政平台，它是人们向各级政府和领导干部进行诉求表达的重要渠道。而在所有网络问政平台中最具有代表性的是人民网领导留言板，它是唯一一个全国性网络问政平台，最大限度地汇集了全国范围内人民群众的现实诉求，能够在一定程度上反映出人民美好生活需要的总体状态。

全国性网络问政——人民网领导留言板自正式运行以来就设立了投诉、求助、咨询、建言和感谢五大留言板块，便于人民群众基于自身需要选择对应的留言类别进行诉求表达。各留言类别的功能和特征各有不同。

投诉，是以对个体遭遇的描述和寻求关注为基本特征，因其他人的行为或者事件对个人自身的切身利益造成直接损害而表达不满的行为，强烈要求对权益侵犯者或者行为采取措施，进行规制、整改甚至是诉诸惩罚。一般而言，人们在进行投诉表达时态度较为愤怒，言辞较为激烈，且大多是消极负面的词语。例如："市长你好，金堂县复兴街虾游记餐馆厨房风机噪音严重，油烟污染害人，让老百姓怎么生活，环保不达标为什么能允许经营，请有关部门不要敷衍老百姓，使污染能得到彻底整治，有一个稍微好一点的生活环境！"①

求助，是一些弱势群体自身的合法权益得不到有效保障，且依靠自身力量无法解决时，通过寻求外界的帮助以摆脱困境的行为。人们在进行求助时通常会用语言来传递出一种无助感、无力感。通常来看，多是通过"小老百姓""做主"等词语弱化自身形象获取关注，希望行政力量介入从而解决问题。例如："领导您好，我们是 2018 年在大兴区桂村拆迁工程中，给园区老板干活的工人，我们干活的钱到现在还没给，理由是国家还没给补偿款，请问是这样吗？假如是事实，拆迁款什么时候能给园区老板呢？都一年多了，这也马上过年了，我们小老百姓挣点儿血汗钱不容易，这等到什么时候是头啊？"②

咨询，是公众因对政策、公告等信息不了解而产生疑问进行询问的

---

① http：//liuyan. people. com. cn/index. html.

② http：//liuyan. people. com. cn/index. html.

一种行为。由于政府和民众所处的地位、掌握的资源、专业知识背景等因素一致，导致双方常常处于信息不对称状态，当政府对某些公共政策的宣传、解释、执行不到位，使得大众在涉及个人和与之相关的群体利益问题时想要向政府了解有关情况。人们在咨询时态度通常较为平和，语气较为平缓。例如："广东省高州市根子镇元坝桥头村正在建设新农村，希望了解一下拆房补偿方面的问题。房子以前是在政策允许建的养殖场，没有房子相关证明材料，就是图片中的这栋两层的砖房。现在要建河道和公路，希望了解一下补偿方面的问题，谢谢！"①

建言，是公众出于对社会事务的关心和长远利益的考量而提出与公共利益或其他群体利益相关的改进建议的行为。其出发点和落脚点基本指向社会公共事务的改进，不似其他类型诉求那样一味地寻求注意以实现个人利益，而是较理性地分析自己诉求与社会的合理性，较为明确地表达出希望通过自己对问题的描述和分析推动政策的改进或社会发展的进步。人们建言时在用词表达上通常较为积极正面。例如："建议攀枝花的城市文化建筑，引入灯谜艺术，将攀枝花题材的原创灯谜，产生攀枝花的气势，产生攀枝花的个性，产生攀枝花的思考，产生攀枝花的魅力，千年非物质文化遗产灯谜艺术，可以将原创灯谜的思考美，文化美，展现出来！"②

感谢：是留言者因相关部门的领导和工作人员对自己的诉求给予了关注和回应，并采取行动解决了现实问题而对其表示出答谢、赞扬、祝贺、慰问、关心之情。例如："书记好！非常感谢领导替普通老百姓解决问题！12 月 9 日在北山口邮政储蓄所发生的不愉快事情，今日在储蓄所领导在场的情况下，所有问题已经解决！发现领导的态度很诚恳，我接受了道歉。在此表扬一下邮政服务人员的诚恳！希望邮政储蓄越办越好！再次表示诚挚的感谢！希望各位领导万事如意！"③

通过上述各留言类型的分析阐释，从表面上看，几大留言类型的设

---

① http://liuyan.people.com.cn/index.html.

② http://liuyan.people.com.cn/index.html.

③ http://liuyan.people.com.cn/index.html.

置似乎内含了某种诉求强度的差异，呈现出不同的需求内容差异。但实质上，这些留言类别各自的诉求内容是什么，彼此之间是否存在需求差异，以及能否以这些诉求经验作为依据划分为不同的需要层次等问题均有待进一步探讨和验证。为此，笔者提出对网络问政中的诉求留言文本进行大数据分析，以从中发现人民需要层次性划分的线索。

二　人民美好生活需要经验数据的分析方法及结果

（一）数据来源、分析方法及处理过程

前文提出了运用大数据分析方法对网络问政平台中的民众需求差异进行验证分析的思路。在此，本节将对数据获取、研究工具以及处理过程等情况作必要性说明。

1. 数据来源及样本情况说明

本文的研究数据来源于人民网"领导留言板"①。以此作为研究对象的原因在于：第一，从代表性看，该平台是我国目前唯一亦是最大的全国性网络问政平台，有广泛的关注度和参与度，具有一定的全民代表性；第二，从规范性而言，领导留言板依托人民网而设立运营，运行规范，已经成为人民群众表达诉求和政府了解民意的重要平台；第三，从数据来源看，该平台中的数据公开透明，真实有效，获取难度较低，具有研究性和参考性；第四，从时间跨度来看，留言板于 2008 年正式运行，先后开设了咨询、感谢、投诉、求助、建言五大留言类别，至今已历时十余年，如此长时间累计的数据为本研究的验证分析提供了数据支持。

本研究的分析对象为留言板中 2008 年 1 月至 2019 年 8 月全部留言帖，共计 180 万余条。因留言板在 2008 年正式运行时，只开设了"感谢"和"咨询"两个留言类别，随后在 2013 年增设了"投诉""建言""求助"三个留言类别，所以笔者在按照留言类别获取数据时发现，由于时间距今较远、网页结构变化等客观条件限制，导致抓取的2008—2009 年的留言帖数量较少，考虑其代表性相对不足，故本文予

---

① http://liuyan.people.com.cn/index.html.

图1 人民网"领导留言板"的留言界面

以剔除。因此，经过数据筛选后，对不同的留言类别选取不同的研究时间节点："感谢"和"咨询"的时间跨度选定为2010—2019年，"投诉""建言""求助"三类的时间跨度选定为2013—2019年。

为了全面直观展示人民的留言情况，笔者首先从时间维度出发，对所获取的"投诉""求助""咨询""建言""感谢"五大留言类别2010—2019年各自留言量的年度分布情况进行了统计。然后又从类别差异维度出发，对各留言类别的总体留言量及占比情况进行了说明（见图2和图3）。

图2显示，各留言类别的留言量总体上呈逐年上升趋势。可见，随着互联网技术的发展和网民规模的扩大，人们对网络问政的参与度与认可度不断提升，网络问政平台正成为公众参与社会治理、表达诉求的重要渠道。虽然本研究涉及的留言数量统计只截至2019年8月，但笔者根据图2的曲线走势预测，在未来一段时间内公众的留言量可能仍会保持增长态势。

虽说各留言类别总体上都呈上升趋势，但是各自的变化趋势有所差异。就变化幅度而言，投诉类上升幅度最大，求助类的次之，随后是咨询类和建言类，感谢类的上升幅度最小。这一定程度上表明在网络问政

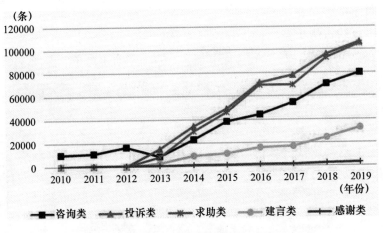

图2 各留言类别的留言量年度分布

平台对政府部门和人员表达感谢并不是人们的主要目的，更多的还是借助该平台表达不满、寻求帮助、事务咨询和建言献策。此处需要说明的是咨询类的变化趋势，因2013年以前留言板平台只划分了"感谢"和"咨询"两大留言类别，在2013年改版后增设了"投诉""建言""求助"三个类别，所以在图中就显示为前期咨询类的留言量遥遥领先，在2013年被"分流"后留言量大幅度减少，故呈现短暂的下降趋势。

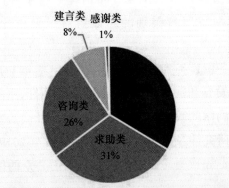

图3 各留言类别各留言量所占比重

图3显示，五种留言类别的留言数量差异明显。投诉类的留言贴数量最多，约占历史留言总量的34%；求助类的留言数量次之，约占历史留言总量31%；再次是咨询类的留言数量，将近占总留言量的26%；而建言类和感谢类的留言量相比较前三者而言数量都较少，建言类占总量的8%，感谢类的留言最少，仅占总量的1%，后两者共占总留言量的10%左右。

以上数据统计结果说人们往往更倾向于选择投诉、求助、咨询和建言四大类别进行诉求表达。结合前文分析，因感谢类没有明显的需求倾向且数据样本小，代表性较低，故后文不再对感谢类的需求展开对比分析。

2. 分析方法及研究工具

本研究主要采用大数据文本分析技术中的 LDA（Latent Dirichlet Allocation）主题模型，是一种文档主题生成模型，也称为一个三层贝叶斯概率模型。它是一种以计算机运算为基础的数字化文本分析技术，能够很好地对大规模的文本数据进行自动化分析，提炼出文档主题①。具体而言，就是将一定规模的文本材料作为语料库，把目标文档转化为易于计算机识别、分析、处理的数据信息，通过对每片文档中所出现字段的概率分布进行统计并进行迭代循环，根据最佳收敛状况输出多个不同主题但包含含一定概念的词群。目前，该技术方法在社交网络、自然语言处理、数据挖掘等领域有了较为广泛的应用。相较于单纯的统计数据而言，LDA 主题模型输出结果为一段包含各类意义的词群，人文研究者能够利用这些词群进行证伪、定性与定量相结合等方面的研究。可见，这种技术方法在人文社科领域具有传统研究方法难以企及的优势。

3. 处理过程及相关说明

（1）处理过程

首先，借助 python 软件编写网络爬虫代码，对留言板平台中"感谢""建言""咨询""求助""投诉"五大留言类别的留言帖进行文本

① 王涛：《18世纪德语历史文献的数据挖掘：以主题模型为例》，《学海》2017年第1期。

抓取，统一使用 TXT 文本 – UTF8 格式保存，并按照留言类别和年份整合储存，构建语料库。其次，将已统一储存的语料库分别输入 LDA 主题模型中进行运算，反复多次调整主题数和迭代次数，直到输出结果达到最佳为止，最终输出相应的主题、词频及权重信息，完成对留言板的语料库的文本挖掘和语义关系提取。最后，将数据结果进行可视化呈现，并结合有关理论展开具体分析和探讨。

（2）基于主题的需求差异验证方法实现

按照上述操作流程，笔者首先以投诉类的语料库为例，先建立停用词库和词典，然后运用 LDA 主题模型对其文本数据进行多次实验性运算，不断循环的调整主题数和迭代次数。多次运算结果表明，各语料库的最佳主题数均为 30 个，最佳迭代次数均为 500 次，输出相应的主题词表及权重（见表1）。为了更好地展开分析，按照主题内容相似或相近的原则，对主题进行命名分类（见表2），并依照对应的权重值可视化呈现出不同诉求主题分布图，最后对各留言类别的诉求主题进行对比分析。本文对其他留言类别和各年份的文本数据都采取了同样的处理方式，但鉴于篇幅所限，处理过程不再重复赘述，后文将仅直接展示可视化结果。

表1   **投诉类总留言文本的主题词表部分示例**

Topic	Words
Topic 0	收取、费用、公司、装修、价格、合同、规定、收费、燃气、国家、销售、安装、开发商、行为、天然气、标准、政府、购房、部门、文件
Topic 1	工作、教师、工资、领导、单位、文件、政府、规定、政策、待遇、职工、发放、问题、补贴、解决、国家、乡镇、事业单位、岗位、退休
Topic 2	违建、拆除、部门、业主、居民、违法、建筑、搭建、影响、住户、违章建筑、私自、房屋、执法、安全、违章、公共、处理、投诉、违规
...	...
Topic 27	司机、公交车、出租车、乘客、车站、态度、客运、投诉、上车、公司、交通、火车站、出行、服务、乘坐、售票、收费、班车、黑车、城市、线路

续表

Topic	Words
Topic 28	办理、工作、户口、证明、办事、告知、信息、派出所、咨询、申请、态度、登记、投诉、身份证、服务、银行、社保、业务、处理、手续、资料
Topic 29	政府、建设、城市、发展、群众、规划、人民、环境、市民、公园、新区、社会、民生、经济、政策、利益、区域、开发、管理、人口、设施、形象

表2　　　　　　　　　**投诉类的主题命名及对应权重分布情况前5位**

主题	主题命名	对应权重值
Topic19	供热供暖	0.2415
Topic12	房屋质量	0.14686
Topic7	噪音扰民	0.1169
Topic6	空气污染	0.10862
Topic5	工资拖欠	0.10041

（3）基于词频的需求差异验证方法实现

词频是某一个给定的词语在某文件中出现的次数，它能够评估该词对于一个语料库中的一个领域文件集的重要程度，频率越高，说明重要性越高。从语用的角度而言，某些话语、词汇在文章中反复提及能够在一定程度上反映出人们关注的主要方向。对应到本研究中来，就是词频能够代表出人们的需求关注方向。所以，在本文研究中，将基于词频权重的差异变化对不同类型的需求差异进行验证分析。

具体实现过程为：首先，以 LDA 主题模型输出的主题词为基础，在手动去除无意义词汇后，按照主题词的频率高低筛选得出具有一定指向性的主题词，如"噪音""维权""扶贫""高等教育"等。然后，按照各主题词年平均权重（$\overline{TOP_x} = \sum_{i=1}^{N_t} TOP_x / N_t$）[①] 的计算方法，计算得出上述主题词的年平均权重值（见表3）。随后，以词频权重为数据支撑，绘制出同一个词频在不同留言类型中的变化趋势示意图（见

---

① TOP 表示排名，X 表示某个特定主题词，N 表示年份数之和，t 表示某一特定年份。

图4和图5）；再综合考虑每一组词频趋势变化图中各留言类别的权重高低和整体趋势特征对词频进行分类汇总，使之对应到不同的留言类别。如图4所示，"噪声"一词的投诉类权重高于其他类型的权重，因此"噪音"属于投诉类别的主题词。同理，图5中"民俗"一词的建言类权重值高于其他三类，属于建言类别主题词。

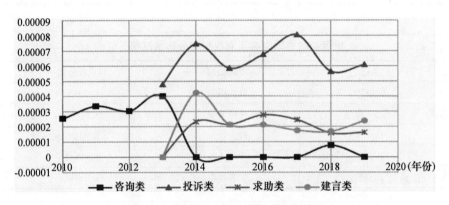

图4 "噪声"一词的权重变化趋势

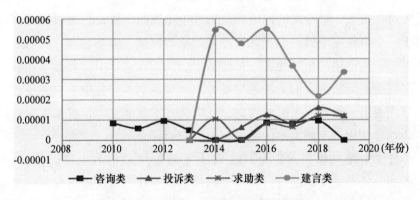

图5 "民俗"一词的权重变化趋势

表3　　　　　　　投诉类的部分主题词的年权重值数据源

	2013 年	2014 年	2015 年	2016 年	2017 年	2018 年	2019 年
噪音	0.000061443	0.000078421	0.000092569	0.000083409	0.000073086	0.000077854	0.000095489

	2013 年	2014 年	2015 年	2016 年	2017 年	2018 年	2019 年
黑车司机	0.000139954	0.000124550	0.000103009	0.000089861	0.000065099	0.000059680	0.000102166
补课班	0.000023895	0.000054433	0.000077257	0.000226266	0.000207277	0.000222757	0.000165380
虚假宣传	0.000204810	0.000144848	0.000105097	0.000135944	0.000222454	0.000266473	0.000235495
暖气费	0.001815985	0.001588710	0.001668328	0.001614734	0.001767247	0.001325980	0.001146089

（二） 对网络问政平台文本数据的分析结果

本节将从主题权重和词频权重两个角度对数据结果进行呈现。首先，主要基于 LDA 主题模型输出的主题及权重对四种留言类型中各自的诉求主题进行描述性分析。此部分按照主题权重值高低排序，在各留言类别中选取权重值排名前 10 的主题并结合各自的主题词表进行分析。其次，主要基于 LDA 主题模型输出主题词及词频权重，在四种留言类型中选取代表性词汇进行典型分析。

1. 投诉类文本数据及分析结果

（1）基于主题权重的诉求类型分析

结合主题词表内容具体分析如下所示。

第一，供热供暖主题。Topic19 中的"锅炉""天然气""供暖""温度""不达标"等词反映出政府实施"煤改气"工程后，没有做好集中供暖的民生工作，使得冬日里居民的正常生活受到影响。第二，房屋质量主题。Topic12 中的"质量""漏水""宣传""实际""安全隐患"等词表明出业主在房屋验收时发现房子存在问题，既有实际面积与宣传不符，也有阳台和地面漏水等问题存在，在损害了业主的合法权益的同时也增加了安全隐患。第三，噪音扰民主题。Topic7 中的"施工""噪音""凌晨""睡眠"等词反映的是工地半夜施工所产生的噪音严重影响了周围居民夜间正常休息。第四，空气污染主题。Topic7 中的"油烟""臭气""垃圾""健康"等词反映出周边的工厂生产或饭店经营产生了刺鼻气味的垃圾、污水等，造成了空气污染，对人的身体健康产生了危害。第五，工资拖欠主题。Topic6 中的"加班""工资"

"拖欠""保险""劳动合同"等词表明员工与用人单位签订劳动合同后，企业却未如期支付员工工资，侵害了员工的合法劳动收益。第六，物业收费主题。Topic25 中的"物业""乱收费""强制"等词表明物业公司在服务管理过程中收费标准不合理，未经业主同意私自或强制收取电梯费、停车费等问题，给业主造成经济损失。第七，违法行政主题。Topic21 中"举报""不作为""违规""执法""行政"表明政府部门在行政执法过程出现不依事实的违规行政执法的行为，侵犯了群众的合法权益，群众对此进行举报和信访。第八，占道经营主题。Topic3 中的"摆摊""脏乱差""出行"等词表明人们对在城市里小摊贩长期占道经营的问题进行投诉，因其影响住户出行，产生的垃圾对环境造成污染。第九，违法建筑主题。Topic2 中的"私自""违建""公共""安全"等词反映出业主对私自占用公共区域搭建违章建筑的行为进行投诉，因其会对房子结构造成影响，存在安全隐患。第十，关于消防安全主题。Topic23 中的"楼道""充电""火灾""消防通道"等词反映出因业主将电动车等放在楼道充电，存在安全隐患，易引发火灾事故，对小区住户的生命和财产安全造成威胁。

表4 投诉类权重排名前 10 的主题

主题	主题命名	对应权重值
Topic19	供暖、公司、暖气、问题、供热、领导、温度、住户、热力、物业、家里、取暖、书记、老百姓、管道、居民、冬天、暖气费、市长、政府、业主、反映、维修、投诉、锅炉、老人、孩子、百姓、冬季、情况、房子、正常、集中、民生、工作、入住、温暖、不达标	0.2415
Topic12	业主、开发商、问题、物业、质量、房屋、交房、领导、装修、部门、漏水、设计、情况、验收、施工、维修、公司、处理、工程、整改、安全、政府、购买、投诉、书记、宣传、入住、地面、阳台、建筑、影响、标准、承诺、外墙、交付、实际、销售、窗户、安全隐患	0.14686
Topic7	噪音、居民、施工、影响、休息、扰民、领导、投诉、生活、问题、夜间、凌晨、正常、书记、住户、工地、环境、半夜、噪声、喇叭、安静、白天、处理、孩子、工作、周边、反映、老人、政府、广场、污染、分贝、睡眠、酒吧、环保、音乐、环保局、睡觉、小孩、隔音	0.1169

续表

主题	主题命名	对应权重值
Topic6	居民、污染、部门、影响、领导、环境、油烟、环保、生活、排放、健康、处理、空气、污水、问题、垃圾、生产、饭店、投诉、工厂、烧烤、环保局、气味、周边、味道、政府、刺鼻、身体、臭气、反映、企业、餐饮、住户、正常、臭味、难闻、居住、危害	0.10862
Topic25	公司、工资、领导、员工、工作、拖欠、书记、企业、劳动、合同、农民工、政府、工人、老板、单位、工程、部门、集团、上班、支付、职工、保险、问题、生活、押金、项目、发放、签订、血汗钱、市长、投诉、劳动合同、加班、打工、情况、工程款、处理	0.10041
Topic4	物业、业主、公司、物业费、管理、收取、收费、服务、领导、问题、费用、开发商、交房、装修、解决、电梯、电费、住户、缴纳、规定、政府、车位、业主委员会、情况、停车费、维修、乱收费、垃圾、标准、不合理、投诉、同意、合同、通知、私自、社区、强制	0.08289
Topic21	政府、部门、行为、违法、处理、投诉、法律、情况、反映、责任、举报、工作、人民、规定、不作为、群众、非法、派出所、事实、依法、执法、利益、书记、违规、社会、信访、老百姓、事件、违反、维护、行政、领导、街道、合法、证据、上级、警察、威胁	0.06982
Topic3	垃圾、影响、环境、领导、卫生、部门、生活、管理、市场、城管、街道、清理、政府、社区、城市、占道经营、道路、摆摊、商贩、污水、周边、经营、长期、脏乱差、住户、出行、臭气、干净、投诉、交通、摊贩、市民、治理、摊位、环卫、车辆、人行道、正常	0.0371
Topic2	违建、拆除、部门、业主、居民、违法、领导、建筑、搭建、影响、住户、违章建筑、私自、房屋、反映、安全、违章、公共、处理、投诉、问题、占用、违规、建设、楼顶、物业、行为、安全隐患、破坏、房子、社区、面积、花园、施工、举报、结构、环境	0.0371
Topic23	物业、电梯、安全、业主、消防、问题、发生、安全隐患、居民、住户、火灾、消防通道、楼道、生命、反映、公司、情况、书记、车辆、隐患、通道、安装、使用、社区、充电、环境、事故、重视、影响、居住、财产、监控、处理、生活、后果、投诉、电线	0.02888

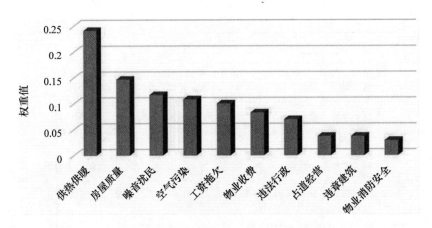

图6 投诉类权重排名前10位的诉求主题分布

上述分析表明，投诉类诉求主题的共同特征大都是人们对个人切身利益造成直接或间接侵害的行为和事件进行投诉，迫切希望侵害停止，避免自身利益受到损害，以实现人们享受舒适的环境、良好的休息、安全的住房、新鲜的空气、便捷的出行等方面的需要。换而言之，这些特征反映出当事人存在一种避免利益损害的需求。

（2）基于词频权重的诉求特征分析

按照前文所介绍的词频权重可视化处理方法，对投诉类权重总体高于其他三类权重的词频进行归类汇总。鉴于篇幅有限，此部分仅以生存环境污染问题和消费者权益侵害问题进行举例验证，又进一步在各问题里选取词频排位靠前的主题词为代表展开具体分析。环境生存问题选取"垃圾""废气""噪声污染"为代表词，消费者权益侵害问题选取"假冒伪劣""虚假宣传""宰客"为代表词。具体分析如下。

一是以垃圾、废气、噪声污染为代表的生存环境问题。图7至图9分别为"垃圾""废气""噪声污染"的词频权重变化趋势图，共同反映的是环境污染问题。三者的投诉类权重曲线明显高于相较于其他三类的，因此属于投诉类所代表的需求。此外，图中的投诉类权重曲线一直处于高位并保持平稳波动状态，表明环境污染问题是人们一直关注的问题。

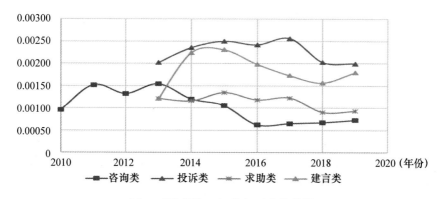

图7 "垃圾"一词的权重变化趋势

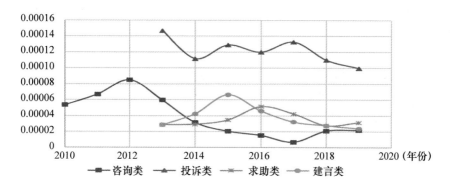

图8 "废气"一词的权重变化趋势

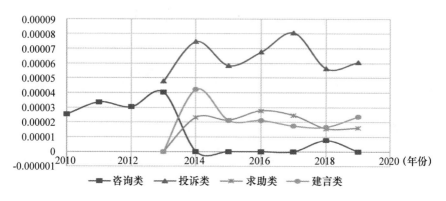

图9 "噪声污染"一词的权重变化趋势

"垃圾""废气""噪音污染"这些词都是环境污染的典型代表，其共同特征都是影响着生存环境，危害人的身体健康。笔者通过二次探查文献发现，人们投诉最多的内容是垃圾焚烧会产生有害气体、工厂排放的废气废料产生刺鼻的气味、噪音污染影响人的正常休息等。可见，正是因为环境污染问题与人的生存和健康状况息息相关，所以人们对于这些造成自身利益损害的污染问题表达了强烈的不满，产生此类需求表达行为。

二是以假冒伪劣、虚假宣传、宰客为代表的消费者权益侵害问题。图10至图12分别为"假冒伪劣""虚假宣传""宰客"的词频权重变化趋势图，集中反映的是消费者权益问题。投诉类的权重曲线总体高于其他三类，因此属于投诉类所代表的需求。其中"虚假宣传""假冒伪劣"的曲线趋势呈现上升状态，表明人们对解决这种消费侵权问题的需求越来越强烈。

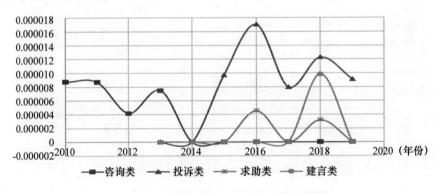

图10 "假冒伪劣"一词的权重变化趋势

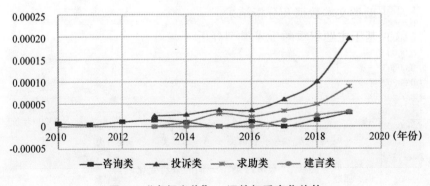

图11 "虚假宣传"一词的权重变化趋势

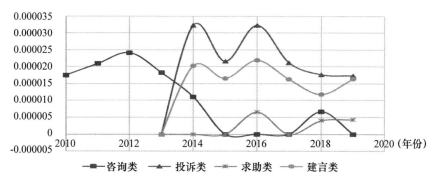

图12 "宰客"一词的权重变化趋势示意

　　具体来看，"假冒伪劣"更多是指向未经许可、不符合生产和销售标准的低质量的产品或商品；"虚假宣传"是指经营者利用广告等方法发布与商品实际不符的虚假信息；"宰客"顾名思义就是经营者利用暴力威胁等非法手段欺诈消费者。这三个词表面看，直接侵害了消费者的知情权和公平交易权，但也隐藏着更严重的危害。原始文本内容显示，消费者投诉的原因多集中于因购买了虚假宣传而不符合食用标准的假冒伪劣食品，易产生食物中毒等危害，使其身体健康甚至生命安全受到侵害。

　　总之，结合图7至图12两类问题的分析发现：从用词表达上看，民众在进行投诉需求表达时多是使用负面的词汇，传递出一种不满的情感倾向；从需求表达的原因和目的来看，是因为自身生存性利益受到直接或间接损害而产生的诉求表达行为。

　　2. 求助类文本数据及分析结果

　　（1）基于主题权重的诉求类型分析

表5　　　　　　　　　求助类权重排名前10的主题

主题	主题命名	对应权重值
Topic13	医院、治疗、报销、住院、领导、费用、医保、手术、家庭、医疗、希望、医生、生活、需要、政府、帮助、患者、身体、检查、看病、情况、困难、药费、女儿、申请、病情、出院、低保、救助、照顾、疾病、保险、解决、求助、花费、骨折、病人、生命	0.35582

主题	主题命名	对应权重值
Topic26	工作、工资、单位、教师、职工、问题、书记、待遇、文件、政府、政策、规定、社保、希望、部门、发放、岗位、国家、基层、事业单位、乡镇、企业、公务员、缴纳、养老保险、享受、补贴、生活、保险、服务、落实、情况、人事、职称、省长、上班、工龄	0.24162
Topic5	公司、工资、领导、农民工、工程、老板、拖欠、解决、员工、劳动、政府、希望、项目、工人、血汗钱、工作、支付、帮助、工地、工程款、合同、集团、施工、打工、生活、过年、建筑、干活、建设、发放、求助、做主、回家、讨要、帮忙、承包、完工、没钱	0.13991
Topic23	开发商、房子、业主、房产证、办理、领导、交房、政府、解决老百姓、购买、入住、买房、手续、动产、做土、产权、合同、开发、停工、公司、购房、尽快、花园、产权证、回复、房屋、房产、承诺、商品房、百姓、恳请、贷款、住户、孩子、血汗钱、督促	0.12214
Topic14	旅游、领导、导游、传销、朋友、价格、购买、退货、政府、商家、游客、购物、被骗、帮助、退款、消费者、公司、网上、部门、产品、大理、手镯、消费、快递、昆明、销售、洗脑、帮忙、价值、鉴定、处理、受骗、欺骗、珠宝、打击、旅行社、国家	0.05313
Topic11	房子、政府、生活、村民、希望、申请、政策、补助、家庭、打工、补贴、父母、贫困户、国家、困难、低保、村里、帮助、孩子、危房、扶贫、条件、农村、房屋、农民、享受、老人、搬迁、危房改造、住房、贫困、问题、精准扶贫、收入、建房、居住、脱贫	0.04059
Topic4	政府、部门、处理、行为、法律、老百姓、派出所、违法、责任、百姓、社会、调查、法院、群众、公道、信访、工作、事实、投诉、非法、执法、利益、事件、威胁、态度、合法、国家、举报、不作为、维护、依法、做主、管理、办事、执行、请求、权利、警察	0.01955
Topic29	问题、解决、自来水、领导、生活、用水、村民、希望、停水、供水、正常、吃水、影响、政府、老百姓、公司、水管、困难、反映、饮水、管道、住户、水质、污染、水压、情况、用电、安装、村里、水费、尽快、重视、水厂、帮助、水源、民生、原因、饮用	0.01955
Topic9	村民、道路、希望、公路、出行、政府、解决、问题、修路、硬化、下雨、路面、村里、水泥路、交通、方便、不便、生活、泥泞、困难、农民、上学、坑洼、土路、群众、修建、农村、部门、修好、建设、村村通、水泥、通行、村庄、反映、孩子、工程、老人	0.01551

续表

主题	主题命名	对应权重值
Topic0	政府、公司、企业、发展、经营、国家、项目、资金、市场、建设、投资、政策、创业、支持、生产、养殖、经济、工作、人民、农业、管理、社会、生活、农村、种植、商户、解决、农民、城市、帮助、投入、困难、技术、产业、服务、土地、积极、响应	0.01297

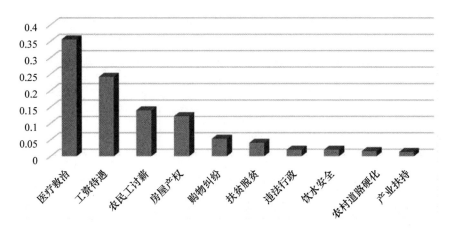

图 13　求助类权重排名前 10 位的诉求主题分布示意

结合主题词表具体分析如下所示。

第一，医疗救助主题。Topic13 中的"住院""医保""疾病""困难"等词反映出困难家庭在面对疾病时难以承担高昂的治疗费，只好向政府进行求助的问题。第二，工资待遇主题。Topic26 中的"工作""乡镇""基层""工资""社保""落实"等词反映出基层职工渴望政府进一步落实和提高工资待遇。第三，农民工讨薪主题。Topic5 中的"农民工""血汗钱""拖欠""讨要"等词反映出农民工的合法权益得不到保障，虽然中央和地方近年已开展全面治理拖欠农民工工资的专项活动，但还未达到立竿见影的效果，此方面的需求仍然较为强烈。第四，房屋产权主题。Topic23 中的"交房""停工""产权""贷款"等词反映出在老百姓购买商品房时遇到开发商停工或延期交房情况，导致房产证无法办理，请政府"做主"以期能早日入住，这也从侧面反映出房地产市场的监管需要加强。第五，购物纠纷主题。Topic14 中的"旅游""导游""购物""被骗""退款""打击"等词表明随着经济水平的提高，人们旅游、购物的休闲消费机会增多，但由于市场监管不到位，导致频频发生黑导游、强制消费、被骗等恶性事件，人们希望政府对这种欺诈消费者的行为予以打击以维护消费权益。第六，脱贫扶贫主题。Topic11 中的"贫困户""补助""危房""脱贫"等词表明，随着扶贫攻坚工作的深入推进，村民渴望享受政府的危房改造等政策补贴以实现脱贫。第七，违法行政主题。Topic4 中"违法""调查""法院""权利""公道"等词表明群众在面对违法执法、权益受到威胁时，请求法院或政府做主以讨回公道。第八，饮水安全主题。Topic29 中的"自来水""停水""污染"等词表明因水污染影响到居民正常吃水用水，希望政府安装自来水，对水厂和水源进行管控和治理，让百姓喝上放心水。第九，农村道路硬化主题。Topic9 中的"村里""土路""通行""村村通""方便"等词表明农村土路给村民出行带来不便，请求政府落实村村通工程，为村民提供便利的出行条件。第十，产业扶持主题。Topic0 中的"企业""创业""响应""投资"等词表明企业、商户、农民等群体积极响应国家"大众创业、万众创新"的号召，但生产经营时面临技术和资金难题，希望政府加以扶持。

　　综上，求助类的诉求内容的总体特征大都是人们对健康保障、生活富裕、公平取酬、民主权利等较高层次需要的追求等，但因在实现过程中面临诸多困难，自身力量又无力解决，请求政府介入加以协助解决，从而获得保障以实现更好发展。相比投诉类留言的总体特征，两者虽然都与当事人的一些利益没有实现有关，但投诉类中的利益侵害性相对明确，事件内容相对简单，损害主体的违法违规性更容易明确；而求助类中的事件性质是否是利益侵害相对模糊，事件内容相对复杂，较难明确有没有侵害主体及其具体责任人。总之，求助类留言当事人的主要目的是希望自己的一些利益得到保障，代表了一种比避免利益受损更高一层次的需求。

（2）基于词频权重的诉求特征分析

　　此部分按照投诉类词频选取的方法，对求助类的词频做了同样处理,以医疗救助和劳动维权两类问题进行举例论证。其中医疗救助问题选取词频排位靠前的"重病""求医""治疗费"为代表词频;劳动维权问题选取词频排位靠前的"农民工""血汗钱""讨薪"为代表词频。具体分析如下。

一是以重病、求医、治疗费为代表的医疗救助问题。图14至图16分别为"重病""求医""治疗费"的词频权重变化趋势图。三个词频的求助类权重曲线均高于其他三类,且一直在高位进行波动,表明以"重病""求医""治疗费"代表的医疗救助问题属于求助类需求。

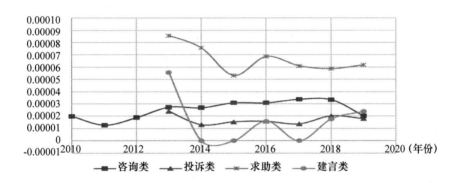

图14 "重病"一词的权重变化趋势

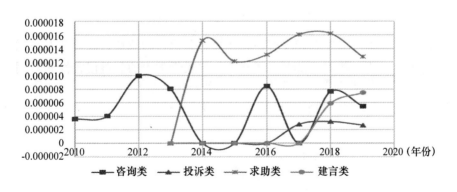

图15 "求医"一词的权重变化趋势

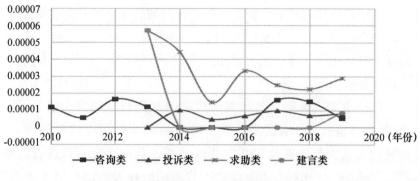

图 16 "治疗费"一词的权重变化趋势

医疗救助，是指国家和社会对一些因为贫困而没有经济能力进行治病的弱势群体提供实施专门的医疗帮助和救治支持，使其恢复健康。通过对原始文本资料的二次探查，验证了对"求医""治疗费"提及最多、需求最高的大都是因穷、因病而丧失劳动能力的弱势群体，他们在面临重大疾病，往往无力承担高昂的治疗费用，从而向政府进行求助以获得医疗救助，实质上是在寻求健康保障。

与此同时，国家近年来也不断加大医疗救助力度。如大病医疗救助全面深入推进，不断拓展用药范围、诊疗服务项目等，着力为救助对象减轻疾病治疗的经济负担。为此，图 16 中的"治疗费"求助类权重曲线总体上呈波动性下降也一定程度上说明了这一点。

二是以农民工、血汗钱、讨薪为代表的劳动维权问题。图 17 至图19 分别为"农民工""血汗钱""讨薪"的词频权重变化趋势图，反映的是农民工劳动维权的问题。求助类的权重曲线高于其他三类，因此属于求助类所代表的需求。此外，图中求助类的权重曲线逐步呈上升趋势，表明农民工的劳动维权需求逐渐增长。

近年来，农民工讨薪事件屡屡上演，使其逐渐沦为悲情的代名词。农民工作为社会的弱势群体，普遍文化程度低、劳动技能单一，其出路就是出卖自身的劳动力获取报酬，但现实中往往付出劳动后没有获得应有的劳动收益。农民工相较于企业雇主而言，通常处于弱势地位，加之高成本的维权，使农民工束手无策，只好向政府进行求助以期讨回工资，以保障自身的劳动权益。

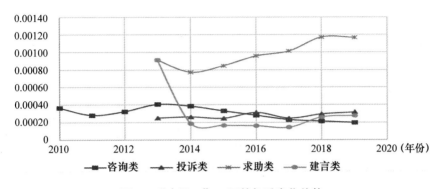

图 17 "农民工"一词的权重变化趋势

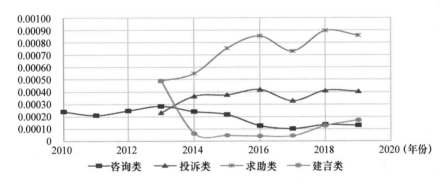

图 18 "血汗钱"一词的权重变化趋势

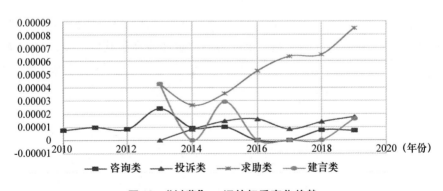

图 19 "讨薪"一词的权重变化趋势

对于农民工的讨薪难题，现如今已引起了政府的注意和重视。2016年，国务院办公厅就出台了《关于全面治理拖欠农民工工资的意见》，旨在从根本上解决拖欠农民工工资问题，各地也逐步开展整治农民工工资的专项行动。但是，基于求助类的词频权重值变化趋势来看，目前政府的政策举措还不足以满足农民工的劳动维权需求，未来应该加大整治力度，切实保障劳动者的合法劳动收入。

总之，不管是医疗救助还是劳动维权问题，从诉求表达的目的来看，都是弱势群体对自身无法解决的事进行求助，渴望政府予以提供帮助和保障，以维护个人的权益，实现更好发展；从诉求表达的情感来说，这些主题词都是一些社会弱势群体遇到的现实难题的集中体现，往往传递出一种无能为力之感。

3. 咨询类文本数据及分析结果

（1）基于主题权重的诉求类型分析

表6　　　　　　　　　　　咨询类权重排名前10的主题

主题	主题命名	对应权重值
Topic18	生活、孩子、父亲、父母、家里、工作、母亲、家庭、老人、医院、打工、政府、困难、情况、身体、治疗、照顾、房子、残疾人、低保、家人、市长、请问、申请、收入、上学、问题、手术、维持、符合、住院、经济、工资、费用、农民、咨询、条件、全家	0.34528
Topic17	工作、教师、考试、毕业、公务员、政策、大学、专业、单位、毕业生、事业单位、大学生、基层、招聘、人才、职称、学校、请问、就业、岗位、文件、教育、问题、咨询、乡镇、服务、资格、规定、人事、学历、报考、档案、条件、技术、西藏、学院、学生	0.29017
Topic0	房子、村民、补助、补贴、政策、政府、请问、农村、咨询、国家、申请、建房、农民、危房、村里、搬迁、低保、贫困户、危房改造、新农村、享受、扶贫、宅基地、重建、条件、回复、住房、发放、家庭、移民、建设、规划、村干部、精准扶贫、标准、资金	0.28838
Topic19	村民、土地、农民、书记、政府、领导、村里、耕地、补偿、承包、国家、老百姓、征地、村干部、希望、赔偿、问题、村委、占用、情况、干部、尊敬、征用、村委会、解决、征收、农村、反映、农田、集体、选举、群众、部门、私自、补偿款、村主任、建设、同意、宅基地、上级、占地、请问、建房、政策、面积、百姓、调查、生活、处理、合法	0.14147

续表

主题	主题命名	对应权重值
Topic6	规划、建设、大道、开工、工程、项目、公园、居民、动工、道路、政府、修建、咨询、方便、通车、高速、交通、施工、计划、出行、周边、发展、改造、回复、开通、开发、广场、大桥、区域、拆迁、进展、完工、地铁、动静、城市、城区、公路、市民	0.08687
Topic7	拆迁、改造、计划、房子、规划、棚户区、咨询、范围、居民、社区、搬迁、回复、政府、房屋、动迁、项目、街道、环境、棚改、动静、村民、家属、老旧、宿舍、住户、纳入、平房、装修、启动、区域、周边、近期、答复、庄村、楼房、城区、危房、生活、开发	0.05212
Topic22	户口、办理、医院、农村、报销、请问、政策、证明、小孩、结婚、咨询、出生、医保、户籍、独生子女、医疗、派出所、规定、生育、享受、身份证、手续、二胎、计生、国家、费用、住院、老家、医生、外地、卫生、新农合、超生、罚款、准生证、社保、计划生育	0.0462
Topic14	政府、农民、创业、养殖、补贴、资金、国家、政策、公司、贷款、项目、农业、种植、农民工、发展、农村、请问、工资、工程、承包、支持、咨询、投资、生产、企业、家乡、补助、土地、扶持、问题、农场、银行、价格、技术、蔬菜、产品、申请、销售	0.0262
Topic9	工资、工作、职工、单位、退休、教师、发放、待遇、政策、政府、文件、企业、生活、规定、补贴、安置、国家、事业单位、社保、养老保险、享受、保险、补助、工人、乡镇、退伍、标准、干部、公司、咨询、劳动、公务员、缴纳、执行、落实、基层、岗位	0.0131
Topic8	办理、户口、请问、咨询、工作、房子、申请、社保、手续、购买、政策、房产证、住房、居住、购房、补贴、登记、贷款、孩子、外地、落户、条件、公积金、证明、小学、银行、资料、户籍、公租房、回复、身份证、信息、房产、过户、房屋、农村、告知、材料	0.0131

结合主题词表具体分析如下所示。第一，农村低保主题。Topic18中的"残疾人""困难""条件""申请""低保"等词表明现阶段农村人口中仍有困难家庭和残疾人、老人等弱势群体因无力承担住院费等经济负担进而对低保政策进行咨询，以明确低保的申请条件等。第二，毕业生就业主题。Topic17中的"大学生""事业单位""招聘""资格"

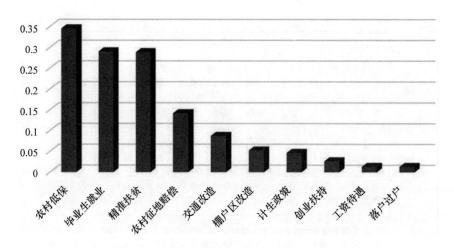

图20 咨询类权重排名前10位的诉求主题分布

"条件"等词表明大学生群体在毕业就业时，对事业单位和公务员招聘文件的报考条件、学历资格与人事档案管理等信息不清楚进而产生咨询需要。第三，精准扶贫主题。Topic0中的"贫困户""危房改造""扶贫""条件""政策""标准"等词表明在精准扶贫工作中，因扶贫对象所掌握的信息少而对应危房改造的重建条件、补贴标准等政策规定不了解，进而向政府咨询以了解信息政策。第四，农村征地赔偿主题。Topic19中的"农民""承包""耕地""征地""面积""补偿"等表明是农民对土地使用权所带来的收益问题不清晰而产生的咨询需要，主要涉及土地承包政策、宅基地和耕地征收补偿标准以及如何处理赔偿款被村委会私自占用等。第五，交通改造主题。Topic6中的"规划""开工""通车""进展"等词表明，因交通道路改造会影响市民出行，因此居民会产生对交通规划区域、项目进展、通车时间等信息获取的需要。第六，棚户区改造主题。Topic7中的"棚户区""规划""动静""区域""范围"等词表明，随着保障性安居工程的深入推进，棚户区改造工作受到更多关注，居民对棚改的拆迁范围等信息不了解，进而想要政府对近期是否拆迁、何时启动搬迁等问题予以答复。第七，计生政策主题。Topic22中的"独生子女""二胎""准生证""超生"等词表明国家执行全面开放二孩政策后，在政策落地后缺乏宣传普及，导致民众对其衍生的准生证办理、生育保险、超生罚款等问题进行咨询。第八，创业扶持主题。Topic14 中的"创业""贷款""补贴""技术"等词表明在"大众创业、万众创新"政策的号召下，农民、农民工和企业等群体纷纷加入创业大军，向政府咨询扶持项目，银行贷款、资金技术、产品销售渠道等相关扶持政策。第九，工资待遇主题。Topic9 中的"职工""政策""文件""标准""安置"等词反映出职工对于工资方法、补贴标准、退休待遇、退伍安置等问题的咨询。第十，落户过户主题。Topic8 中的"户口""买房""社保""上学"等词表明户口涉及房屋买卖、社保缴纳、孩子上学等问题，人们对办理外地户口落户、房产过户所需要的手续和材料等信息进行咨询。

以上主题内容表明，咨询类的诉求内容大都是对人们对涉及自身利益的相关政策性信息不了解而产生向领导进行询问，请求政府及时告知标准、范围、进展等信息。从直接结果来看，留言当事人是期待获取某一方面的信息，但从更深层次来看，这意味着当事人在自己的基本权益得到保护、主要利益得到保障后，希望获得更多政策信息，从而让自己的利益得到更多更好的实现。相比投诉类、求助类的留言的总体特征，咨询类留言表现出的需求是在一些基本权利和权益得到实现后，在一些相对次要问题上的一些相对不太急迫的需求，是希望自身利益得到更好更高水平实现的一种体现，具有明显的进阶特征。

（2）基于词频权重的诉求特征分析

此部分按照投诉类词频选取的方法，对咨询类的词频做了同样处理，以城市建设和精准扶贫两类问题进行举例论证。其中城市建设问题选取词频排位靠前的"棚改""旧城改造""腾退"为代表词频；精准扶贫问题选取词频排位靠前的"建卡立档""扶贫贷款""易地搬迁"为代表词频。具体分析如下。

一是以棚改、旧城改造、腾退为代表的城市建设问题。图 21 至图 23 分别为"棚改""旧城改造""腾退"的词频权重变化趋势图，反映的是城市建设问题。咨询类的权重曲线明显高于其他三类，因此属于咨询类所代表的需求。此外，三个词频图中咨询类的权重曲线总体上都呈上升趋势，表明人们对城市建设问题日益关注。

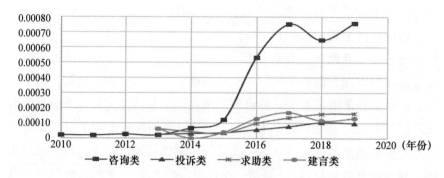

图 21　"棚改"一词的权重变化趋势

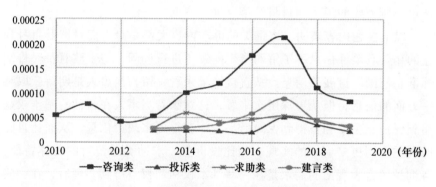

图 22　"旧城改造"一词的权重变化趋势

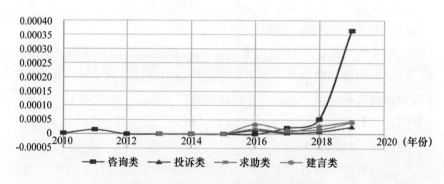

图 23　"腾退"一词的权重变化趋势

　　随着城市化进程的加快，以改善城市形象和居民居住环境、提升综合承载能力为目的的城市改造工程正如火如荼地开展，其中棚户区改造、旧城改造、腾退就是目前城市化建设的主要形式。众所周知，老旧城区、棚户区是人口密集、居住条件较差的"贫民窟"，对其拆迁改造势必会触及一些原住居民、外来务工人员等群体的利益，为此人们会对城市建设问题行关注。

城市升级改造是以政府决策为主导而推动，民众因缺乏有效的参与途径、相关的专业知识和技术能力，而无法参与到政府决策过程中，更多是对决策结果的参与。也就是说，因政民双方缺乏充足的交流互动，民众对涉及自身利益的相关政策等信息不清楚，或因政府政策制定的标准不够明确和细化而造成政策执行出现偏差，导致民众产生疑问进而对政府进行咨询，以确保自身的生活条件能得到改善。

二是以建档立卡、扶贫贷款、易地搬迁为代表的精准扶贫问题。图24 至图26 分别为"建卡立档""扶贫贷款""易地搬迁"的词频权重变化趋势图，反映的是精准扶贫问题。咨询类的权重曲线均明显高于其他三类，因此属于咨询类所代表的需求。此外，图中三个词频的咨询类的权重曲线均呈现先上升后下降的趋势，一定程度表明人们的需求逐渐获得了满足。

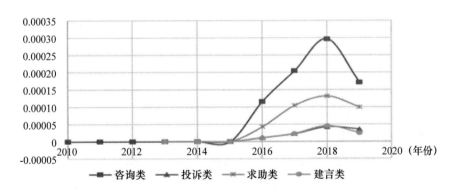

图24 "建档立卡"一词的权重变化趋势

精准扶贫是指针对不同贫困环境、不同贫困户状况，运用科学有效程序对扶贫对象实施精确识别、精确帮扶、精确管理的治贫方式，是2013 年11 月习近平总书记在湖南湘西考察时做出的重要指示。2014 年

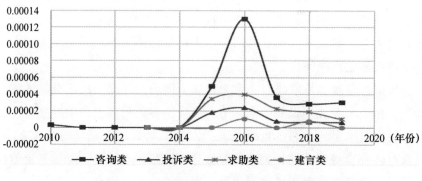

图 25　"扶贫贷款"一词的权重变化趋势

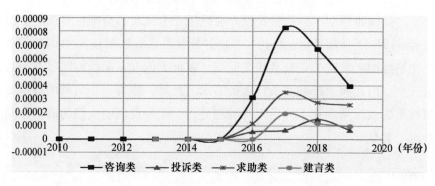

图 26　"易地搬迁"一词的权重变化趋势

1月，中央办公厅详细规制了精准扶贫工作模式的顶层设计，推动了"精准扶贫"思想落地，一大批惠民的政策举措随之而来，其中"建卡立档""异地搬迁""扶贫贷款"等都是精准扶贫的惠民举措。

　　然而，在扶贫工作初期中，因政府的政策宣传相对不足，加之扶贫对象大都是些没有受过高等教育的贫困群众，缺乏专业理论知识，往往对扶贫政策信息不够了解，因此民众会产生咨询以明确相关信息的需求，如咨询建卡立档户的确定标准、自己所在的贫困地区何时易地搬迁等问题。随着脱贫攻坚工作的深入推进，各项工作的投入力度加大，扶贫效果显著，人们对脱贫的需要逐渐减少。这大致就是图中曲线呈现先上升后下降的原因所在。

总之，以城市建设和精准扶贫为代表的咨询类诉求来看，其主要诉求目的就是对改善自身生活状况的相关信息的获取和活动的参与，相较于投诉类诉求和求助类诉求来说，没有呈现出明显的情感倾向，所关注的范围和层面也有所拓宽，具有一定的群体性和社会性特征。

4. 建言类文本数据及分析

（1）基于主题权重的诉求类型分析

表7   **建言类权重排名前10的主题**

主题	主题命名	对应权重值
Topic21	垃圾、污染、环境、生活、噪音、处理、环保、空气、健康、卫生、政府、污水、城市、治理、焚烧、解决、建议、环卫、排放、垃圾桶、居住、休息、分类、扰民、回收、工作、重视、烟花、质量、清理、身体、臭气、措施、鸣笛、工厂、干净、隔音、爆竹	0.24652
Topic18	公园、广场、市民、市场、领导、活动、建议、健身、影响、厕所、体育、管理、政府、城市、场所、生活、卫生、方便、休闲、建设、场地、经营、设施、公共、运动、锻炼、公厕、解决、菜市场、书馆、市长、休息、商户、街道文明、超市、球场、社区	0.20361
Topic19	旅游、文化、游客、发展、景区、历史、建议、特色、景点、建筑、希望、外地、开发、保护、全国、宣传、旅游业、形象、政府、古城、世界、规划、吸引、昆明、美丽、风景、中国、名片、项目、提升、古镇、购物、产业、导游、市民、经济、家乡、领导	0.14533
Topic23	生态、环境、绿化、保护、建设、河道、建议、水库、政府、树木、资源、治理、污染、种植、景观、动物、湿地、管理、浪费、自然、植物、领导、森林、土地、休闲、河流、美丽、水源、水利、河水、绿化带、开发、城市、绿色、水质、农田、园林、增加	0.12707
Topic16	发展、企业、建议、社会、城市、国家、全国、服务、建设、经济、工作、平台、提高、产业、资源、技术、支持、网络、政策、市场、学习、宣传、信息、产品、电视、文化、管理、行业、系统、方式、科技、公司、提升、创新、资金、增加、推广、北京、模式	0.09318
Topic27	工作、公务员、基层、人才、单位、考试、干部、政策、服务、专业、事业单位、乡镇、岗位、大学生、建议、招聘、就业、机关、限制、毕业、年龄、毕业生、遴选、条件、机会、学历、考核、改革、文件、出台、报考、规定、优秀、事业、招考、高校、大学	0.06239

续表

主题	主题命名	对应权重值
Topic3	医院、办理、医保、医疗、报销、患者、医生、卫生、工作、治疗、费用、看病、需要、服务、方便、业务、住院、建议、办事、窗口、病人、社保、检查、政府、解决、老百姓、门诊、工资、部门、专区、支付、群众、排队、保险、缴费、就医、家庭、单位、大厅	0.05407
Topic13	停车、交通、车辆、停车位、道路、管理、交警、部门、摩托、希望、机动车、汽车、影响、建议、城市、电动、出行、停放、车道、三轮车、路边、政府、机动、安全、拥堵、违章、行驶、驾驶、占用、人行道、方便、治理、通行、罚款、乱放、随意、禁止	0.03922
Topic5	公交车、方便、建议、出行、线路、市民、开通、上班、增加、交通、下班、公司、乘客、公交线路、发车、高峰、站点、地铁、城市、班车、站台、车辆、群众、公共交通、市长、路线、运营、调整、运行、不便、车站、班次、考虑、部门、工作、情况	0.0197
Topic25	教师、学校、教育、学生、大学、老师、考试、专业、小学、师范、教学、学习、高中、毕业、成绩、考生、资格、建议、高校、农村、公平、高考、书记、高级、机会、教育局、中学、优秀、提高、技术、条件、国家、人才、政策、大学生、初中、招生、录取	0.00536

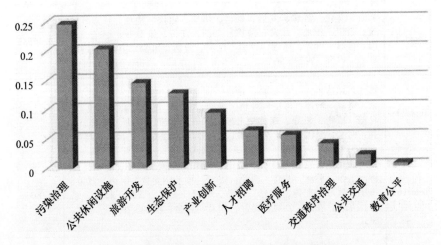

图27 建言类权重排名前10位的诉求主题分布

结合主题词表内容主题分析如下所示。第一，污染治理主题。Topic21中的"城市""垃圾""污染""分类""烟花""治理"等词表明面临严峻的环境污染形势，居民建议政府加强对城市污染治理和环境保护力度，可以通过垃圾分类回收、禁止燃放烟花等措施改善空气质量，创造干净卫生的生活环境。第二，公共休闲设施主题。Topic18 中的"公园""广场""公厕""书馆"等词表明随着闲暇时间增多，人们越来越重视休闲生活，希望政府加强体育场、公园等基础配套设施，提供公共文化服务，进一步提升公共环境管理水平。第三，旅游开发主题。Topic19 中的"文化""开发""宣传""形象""经济"等词表明人们希望政府在旅游规划时，对旅游文化、景点等资源进行保护性开发，加强宣传和管理力度，树立良好的旅游形象以吸引外地游客，从而促进家乡经济的发展。第四，生态保护主题。Topic23 中的"生态""绿化""湿地""植物"等词表明大众环境意识不断提升，越来越关注自然生态环境保护，建议政府加强园林绿化和水环境治理，保护自然资源和生物多样性。第五，产业创新主题。Topic16 中的"经济""产业""网络""创新"等词表明"企业""公司"经营者希望能够在政府的政策支持下、通过借助信息科技、网络平台等方式进行产业创新，实现产业的升级转型，促进经济增长。第六，人才招聘主题。Topic27 中的"人才""招聘""高校""改革"等词表明，人们希望事业单位或者公务员岗位招聘考核时应以优秀人才为导向，而不应设置年龄限制，建议出台相关政策对报考条件进行适度改革。第七，医疗服务主题。Topic3 中"门诊""窗口""排队""缴费"等词表明目前"挂号难"仍是医疗领域的一大现实难题，民众建议采取增加业务办理窗口，开设网上支付专区等措施，为人民提供更加便利的医疗服务。第八，交通秩序管理主题。Topic13 中的"停车""人行道""机动车""交警""罚款"等词表明广大市民希望交警加强交通秩序治理，对车辆违章停放机动车非法行驶等进行罚款处理，以减少交通事故、缓解交通拥堵现象。第九，公共交通出行主题。Topic5 中的"公交车""高峰""地铁""线路"等词表明公交车和地铁作为公共交通出行的基本交通工具，难以满足市民上下班高峰出行的需要，建议开通新线路、增设换乘站点等。第十，教育公平主题。Topic24 中的"教育""农村""高考""招生""公平"等词表明人们更加关注教育公平问题，涉及招生考试成绩公平和受教育的机会公平等，并呼吁改善农村教育条件，加强高等教育。

总之，建言类诉求主题相比于前三类，整体上关注的层面和领域更加宏观多元，是对社会发展中生态环境、公共设施建设等公共利益领域的建言献策，希望政策措施、政府服务治理等有所改进。从留言当事人的角度看，此类留言包含的内容虽然与个人利益也有相关性，但更多体现的是一种公益性，其背后的深层次需求并非主要是希望问题得到解决后，自己从中受益多少，而更多是在前述各种层次的需求得到较好实现后，希望更多地参与到社会建设和改善之中，代表了一种参与性需求。

（2）基于词频权重的诉求特征分析

此部分按照投诉类词频选取的方法，对建言类的词频做了同样处理，以文化建设和生态保护两类问题进行举例论证。其中文化建设问题选取词频排位靠前的"民俗""戏曲""方言"为代表词频；生态保护问题选取词频排位靠前的"湿地""野生动物""植被"为代表词频。具体分析如下。

一是以民俗、戏曲、方言为代表的文化建设。图28至图30分别为"民俗""戏曲""方言"的词频权重变化趋势图，反映的是传统文化建设问题。三者的咨询类权重曲线明显高于其他三类，因此属于咨询类所代表的需求。此外，三个词频图中建言类的权重曲线总体上都呈上升趋势，表明人们对美好生活的向往中包含了更多的文化期待。

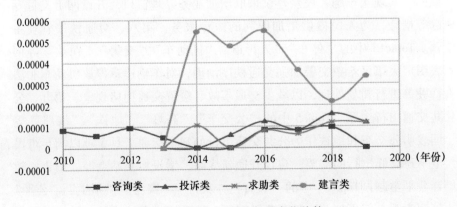

图28　"民俗"一词的权重变化趋势

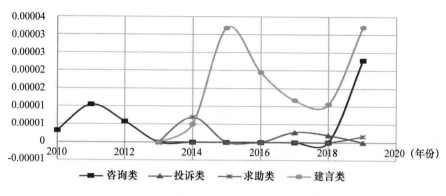

图29 "戏曲"一词的权重变化趋势

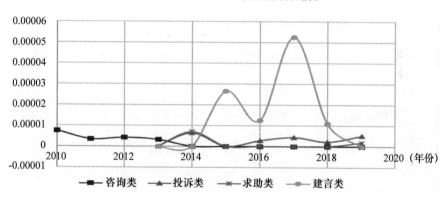

图30 "方言"一词的权重变化趋势

具体来看,民俗,又称民间文化,是民族或社会群体在长期的生产实践和社会生活中逐渐形成的、较为稳定的文化事项;戏曲是中国传统戏剧的总称,包括民间歌舞说唱等多种艺术形式;方言是语言的一个分支,而语言是文化的载体。总之,民俗、戏曲、方言既是中国传统文化的表现形式,也是丰富的文化资源。中国传统文化是中华文明的宝库,人们期待政府能够更加重视传统文化建设,不断挖掘传统文化资源,实现其创造性转化、创新性发展,使之不断提供丰富精彩的精神文化产品。

二是以湿地、野生动物、植被为代表的生态环境保护。图31至图33分别为"湿地""植被""野生动物"的词频权重变化趋势图,反映的是生态环保问题。三者的建言类权重曲线明显高于其他三类,因此属于建言类所代表的需求。

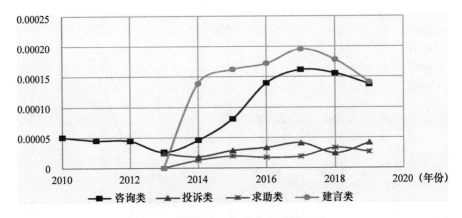

图 31　"湿地"一词的权重变化趋势

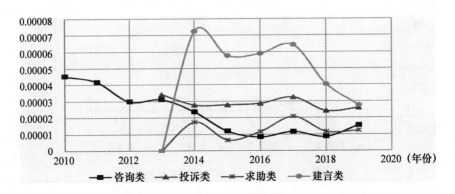

图 32　"植被"一词的权重变化趋势

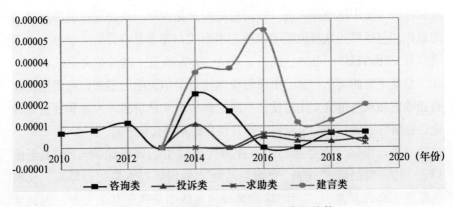

图 33　"野生动物"一词的权重变化趋势

近年来，随着我国环境治理力度加大，环境质量持续明显改善，但是总体环境形势仍然不容乐观。随着人们的环境意识不断提升，逐渐认识到不仅要加强垃圾、污水、废气等污染问题的治理，还要提高对自然生态环境的保护。"湿地""野生动物""植被"等词频的出现且建言类权重占比逐渐升高正是说明这一现象。

通过对文本留言的二次探查，总结发现人们对自然生态保护的需求主要表现在，希望政府加强生态环境建设，加大保护自然资源力度，保护湿地，扩大绿化面积，恢复植被，倡议个人关爱野生动物等方面。可见，在建言类所代表的的需求中，实现人与自然和谐共生是人们追求的较高层次的目标。可以看出建言类所关注的层面更高，是出于对社会发展和群体利益的关心而提出的建言献策，希望社会各方面政策制度或服务等有所改进，往往不直接涉及个人利益。

三　基于经验的人民美好生活需要层次划分及理论定位

（一）基于经验的人民美好生活需要层次划分

基于前文对全国性网络问政平台文本数据结果的可视化分析，可以看出该平台中的投诉、求助、咨询、建言四大留言类别的诉求内容存在明显的差异性。通过对各留言类型的诉求内容及特点进行抽象概括与高度凝练，总结出避损需要、保障需要、进阶需要和参与需要四种不同的需要类型，以此作为美好生活需要层次的内部构成。

1. 避损需要

从前文分析可知，留言板平台中的投诉类留言是人们对自身利益造成直接或间接侵害的对象或行为产生不满，进而向政府部门进行投诉。其诉求主题大都与人们的衣食住行等基本生活相关，反映的是对人们在追求高品质生活过程中，因某些已经存在或潜在的危害影响了自身享受更舒适的环境、更安静的睡眠、更安全的住房、更新鲜的空气、更便捷的出行等基本权益。在诉求表达上通常使用负面词汇，传递出对自身利益受到侵害的强烈不满和迫切希望侵害停止的情感倾向。这些诉求出现意味着人们内心希望自己的权益免受侵害，实质上就是一种避损性需要。

避损，顾名思义，就是避免受到损害。避损需要，笔者在本文中将其界定为，人们在追求美好生活的过程中所产生的避免自身权益和利益受到损害的需要，将其看作是美好生活需要层次中最基本的需要。原因在于，对于个人而言，避损需要涉及人的衣食住行等方方面面，避免其权益受到严重侵害可为人追求美好生活提供前提和基础，如果该需要得不到满足就会使人丧失了进一步追求美好生活的能力。因此，避免自身权益和利益受到侵害的需要是美好生活需要的最低层次。

避损需要具有社会历史性。人似乎天生具备着趋利避害的属性，但避损需要在不同社会阶段有着不同的内涵和表现形式。比如在原始社会时期，避损需要表现为人要躲避野兽伤害、狩猎免于饥饿等形式，更多涉及人的基本生存问题。但随着社会文明的进步和生产力的发展，人的生存和生活条件不断改善，新时代条件下避损需要更多地表现为超越生存性需要层面，即人们要避除的不是温饱、生命财产安全等生存性危害，而是要避除障碍自己获得更高品质生活的一些权益损害，这是实现美好生活的基础。

2. 保障需要

从前文分析可知，网络问政平台中的求助类留言是人们遇到自身无法解决的难题向政府进行求助，在诉求表达时通常会用"做主""请求"等词传递出一种无助感和无力感。诉求内容集中反映出人们希望政府采取行动和措施，以保障他们享受美好生活合法权益的需求。实质上就是一种保障性需要。

保障需要，是一种求助外界，希望提供保障以更好地实现自身权益，实现更高品质生活的需要。对于个人而言，可靠的外部保障是实现美好生活的必要条件。它是比避损需要更高一级的需要层次，但有时候较高层次的需要并不都是在较低层次需要得到满足后才出现，反而有可能在较低层次需要得不到满足时出现。在新时代背景下，人的保障需要表现为人们渴求政府提供良好的社会治安、有力的市场监管等外部保障条件。该需要的满足会使人产生安全感、满足感，有助于个人的全面健康发展。

3. 进阶需要

从前文分析可知,网络问政平台中的咨询类留言是人们由于掌握的信息资源有限,对政策性信息不了解而产生疑问向政府进行询问,在诉求表达时态度通常较为平和,语气较为平缓。诉求内容反映出人们想通过咨询了解有助于改善自身生活状况的相关政策举措,以更好地享受美好生活,这实质上是一种进阶性需要。

进阶需要,是人们在一些基本权益得到实现后,随着生活水平的提升和环境的改变,希望在一些新的生活领域和方面,实现一些原来所没有的欲求,在生活水平上向更高层级提升的一种需要。正如前文分析那样,咨询类留言主要是人们由于掌握的信息资源有限,对政策性信息不了解而产生疑问向政府进行询问,直接体现是对信息的需求,但深层次看,信息需求反映的是追求更高层级、更高水平生活的需求。此类需求主要关注有助于改善自身生活状况的政策举措,通过扩充信息来源、提升知识素养,以明确和掌握追求更高水平、更美好生活的方式方法和途径手段。相较于避损需要和保障需要来说,进阶需要所涉及的层面和范围有所扩展,不再局限于个人美好生活的实现,而是关注与自身利益相一致的其他社会主体共同的美好生活,具有一定的利他性和社会性。

4. 参与需要

从前文分析可知,网络问政平台中的建言类留言是人们出于对社会未来发展和公共利益关心而提出的建言献策。其最大特点在于,不似前三者那样一味关注个人利益,而是更多地关注国家和社会宏观层面。在诉求表达时通常传递出积极、正面的情感倾向,希望通过较为理性地分析自己诉求与社会的合理性,推动社会发展各方面有所改进,其实质是一种参与性需要。

参与需要,是指期待通过某种行为,参与到广泛意义的社会建设之中,以实现社会各方面不断发展、进步、完善的一种需要,是当前美好生活需要中最高层次。就本文而言,参与需要会把自己的注意力集中在自身以外的问题上,相比于前三个需要的层次,关注层面和领域更加宏观,对其追求与满足往往不直接涉及个人利益,而是更有益于公众和社会效益。人们之所以愿意为公众利益建言献策,甚至通过更多的行动促成某种公益的实现，从深层次看，应该是源于人们内心的一种参与需要，是人作为社会性动物的一种高级需求，是自我价值实现的一种初级表现。

总之，基于网络问政平台中的诉求经验可以将人民的美好生活需要划分为避损需要、保障需要、进阶需要和参与需要四个层次。需要说明的是，一方面，各层次之间的界限并不是僵化固定的，而是会随着社会发展进步、现实情境转换、人的意识提升等因素发生变动。另一方面，这四种需要层次之间也不存在由低到高依次出现和上升的刚性递进关系，对于社会整体而言，这四种需要层次是可以同时存在的。

（二）基于经验的人民美好生活需要层次划分的适用性

1. 网络问政平台的代表性

在当前社会发展条件下，党和政府无法了解和掌握人民大众每一个人的具体需要。但随着"互联网＋"和新媒体的出现，对人们沟通交往方式、社会生活模式、政治参与途径等带来深刻的变化，利用网络来表达自己的想法与看法已经成为一种主流趋势，这为广大人民群众提供诉求表达渠道和政府了解民意诉求提供了新契机，其中网络问政作为民众需求表达的新方式，成为民意的聚集地，能最大限度地有效汇集民众具体的、现实的需要。

根据中国互联网络信息中心（CNNIC）发布的第 2019 年《中国互联网络发展状况统计报告》显示：截至 2019 年 6 月，我国网民人口达8.54 亿，互联网普及率达 61.2%；我国手机网民规模达 8.47 亿，网民使用手机上网的比例达 99.1%。可见，我国网民人口总数已达到相当规模。诚然，网民不能完全代表全体人民，且参与网络问政的也只是部分网民，但不可否认的是，参与网络问政的网民实际上就是现实生活中的部分公民，他们在网络平台中所发表的言论大都是基于社会生产生活实践而产生的具体诉求。

留言板平台出于用户隐私保护的原则，虽暂未收集并公开显示留言者的职业身份，但他们留言时一般都会先表明自身身份，如我是某某学生、某某公司职工、某某学校教师等。笔者通过二次探查留言帖的内容，发现该平台的留言者有农民、学生、教师、医生、军人、企业经营者、基层领导干部等各行各业人员，基本涵盖了社会主要群体。诉求的问题也从就业、教育、看病、出行等民生问题，到退休政策、扶贫攻坚、城建规划等意见建议，涉及国计民生方方面面。如此观之，全国性网络问政平台虽不能覆盖社会全体人民，但是它所汇集并反映出的民众需求具有一定的代表性，在一定程度上能够折射出当前社会发展阶段中人民大众的总体需要状态。因此，以网络问政平台中不同留言类型为基础进行美好生活需要层次的经验划分具有一定的代表性和合理性。

2. 经验性层次划分的适用性分析

前文已经论证了以全国性网络问政平台中的诉求内容为基础对美好生活需要层次进行经验划分，具有一定的合理性，能一定程度上反映出当前在网络问政平台上进行诉求表达的人们的总体需求状态。但有一个问题值得思考：美好生活需要本身作为一种较高层次需要，理应代表的是社会的整体追求，而以网络问政平台中的民众需求经验为基础划分出美好生活需要层次是否能够代表整个社会需要？换句话说，那些不在网络问政平台进行诉求表达的现实生活中的人们是否也具有这四种层次的需要？对于这一问题有待进一步分析。笔者以社会生活中的普通大众的普遍需要和心理进行推演论证，以阐明美好生活需要经验层次划分是否具有适用性。

经过 40 多年的改革开放，我国社会发生了巨大的变化，尤其党的十八大以来，各方面都取得了显著的成就，最直观形象的变化就是社会物质基础不断夯实，人民生活水平稳步提升，人们的生活追求从"温饱生存型"转向"高质量发展型"，总体上都处于追求更美好生活的阶段。然而，社会发展过程各种矛盾交织，现实生活中仍存在许多不稳定因素，如自然灾害、环境污染等问题，会影响到每一个人美好生活的实现，使得人们产生一种担忧自身权益受损的心理，这实则就是一种避损需要。为了不使自身的利益受到损害，人们会进一步希望政府等外界力量通过政策举措多种方式提供坚实物质或制度保障，这产生了保障需要。在避损需要和保障需要得到一定程度满足的基础之上，人们产生一种更高层次的进阶需要，希望了解更多渠道和方式方法去改善自己和周围人的生活状况，以追求更加美好、更加幸福的生活。然而，现实生活中往往有许多客观条件限制，如制度不够健全、基础设施不够完善，人们会产生一种希望发挥自身的主动性积极参与到社会发展建设中去，以推动政策、服务等方面不断进步完善的参与需要。

综上所述，作为处于社会生活中的现实的人，无论是否在网络问政平台上进行诉求表达都会存在这四种层次的需要，只不过需要的具体表现形式存在个体差异。所以，基于数据经验划分的美好生活需要四种需要层次都是一种普遍性需要，具有一定适用性。

四 结论及启示

（一）研究结论

本文提出了以网络问政平台中民众诉求的留言为依据构建美好生活需要经验层次的思路，并运用了 LDA 主题模型对领导留言板中 2010—2019 年的投诉、求助、咨询、建言四大类别的留言帖进行了大数据分析，基于数据结果验证了各留言类别之间存在明显的需求差异。并通过对各留言类型的诉求内容差异进行提升凝练，将美好生活需要划分为避损需要、保障需要、进阶需要和参与需要四个层次，并对各需要层次的内涵和特征进行阐释和说明。在此基础上，对构建的美好生活需要经验层次进行了适用性分析，并指该层次结构框架对马克思需要理论的具体化和时代化理论意义。

（二）研究启示

随着互联网技术发展和民众诉求表达意愿的增强，网络问政平台已经成为政府了解民众需求的有效途径。本研究是以唯一的全国性网络问政平台——人民网领导留言板中的民众留言文本作为研究案例，运用大数据分析技术对不同留言类别所代表的诉求内容进行了差异分析，并从经验的角度出发，初步构建了一个贴近公众现实需要的美好生活需要层次结构框架，一定程度上为现阶段把握人民美好生活需要提供思路参考。为了便于相关政府部门未来能更好地把握和满足人民的美好生活需要，笔者从需求表达、需求识别、需求满足三个方面提出了相应的政策启示，以期能够为政策制定者提供思考方向和启发借鉴。

1. 完善民众需求表达渠道

美好生活需要的实现以需求表达为前提和基础。需求表达则是以需求表达平台为载体，人们可以通过网络和多媒体等多种平台渠道进行利益诉求表达。对于民众而言，一个好的网络平台，能让他们更舒心、更便捷地在平台上发表意见，互相沟通交流，这也省去政府部门花费大量的人力物力财力去收集民众的需求信息。因此，建立更为完善的需求表达平台，拓宽民众的需求表达渠道是当前政府工作中的重要一环。

首先，加强已有网络问政平台的建设。就目前的网络平台建设而言，仍存在基本建设完善、部分细节有待改进的情况。就以人民网领导留言板为例，该平台设置了部委领导、地方领导、留言类型、留言领域几个板块，实现了问政平台所具备的基本功能，民众可以基于自身实际情况与需求自由选择向哪个地区的哪位领导进行投诉、求助、咨询等不同类型诉求表达。然而，问题在于目前该平台存在诉求领域设置交叉的问题，比如，一位来自辽宁的旅客在云南旅游时遭受当地社会闲散人员的欺辱、殴打，他若想要维权应向哪个省的领导或者哪个部门进行需求表达？这样的疑问侧面反映出平台权责划分不清的问题。同时，该平台也存在"一问终结"的情况，即民众的需求表达得到了初次回应之后并不能进行"二次追问"，这一定程度上影响了政民之间的有效沟通和民众的表达意愿。此外，平台中留言搜索功能的易用性有待加强。如民众想查询平台中与自身需求相类似的留言信息时，只能通过关键词和时间两个维度信息进行查找，所搜索到的结果却不能明确地按照留言类别、所属地区和领域进行分类呈现，为此一定程度上会导致民众进行重复性需求表达，进而也会造成行政资源的浪费。从民众的体验角度来讲，应对平台建设中存在的上述问题进行改善并加以规范升级。

其次，扩大民众诉求表达渠道。要加强传统邮箱、热线电话与政府网站等媒体的有机结合，拓宽多元化的需求表达渠道，实现参与范围全覆盖。同时，也要不断完善其他移动互联网需求表达平台建设，如开通政务微信、政务微博，打造 APP、微信小程序等，使其具备随时随地进行需求表达的优势，不断丰富人们需求表达的方式和途径。

此外，有一个问题值得注意，民众在网络平台进行自身诉求表达时应加强对自身言行的约束，不应采取博情式表达、泄愤式表达等方式，政府也应当加强民众需求表达的行为规范制度建设，进一步落实实名制，不断引导民众强化理论知识、道德修养和法律意识，进行健康有序地表达。通过民众理性"自律"和制度"他律"相结合的方式共同维护诉求表达的良好秩序。

2. 加强民众需求精准识别

实现美好生活需要须以需求的识别和把握为核心。以往对民众需求的识别大多采用社会发展统计数据或社会民意征集调查这样自上而下的方式进行，一方面，容易出现以决策方对社会问题的分析认知来征集"民意"的情况，另一方面，民众的被动参与易导致政府脱离真正的"民意"。从实际效果上讲，这种方式会对民众需求的识别造成偏差，进而无法及时全面地把握民众真实有效的需求。

随着互联网技术的迅速发展，人们越来越倾向在网络空间进行诉求表达，通常这些诉求都是以图片、影像、语音和文字等形式存在，具有半结构化或非结构化的特征，依靠传统的人工识别研判方法，无法从浩瀚的网络信息资源中有效提取人们的需求。然而，网络信息技术的迅猛发展，为民众需求的精准识别带来了新的契机，可以通过大数据技术对人民大众的需求信息进行挖掘分析和动态追踪，以判断民众的需求导向及发展趋势，从而实现需求的精准定位。

相关政府部门可以在大数据技术方法的辅助下，对大众表达出的半结构化或非结构化的需求信息按照统一标准如主题、地区、关注度等进行分类汇总和存储，使其转化为结构化数据。然后，通过特定工具和数据算法对其进行机器语言转化，最终形成易于分析的需求数据，构建成一个巨大的民众需求信息库，并实行动态更新。但是，面对巨量的需求数据，采用单一的技术工具和分析手段已经无法得出正确合理的解释，所以需要采取诸如深度学习、人工智能及分布式计算等融合交叉技术对不断产生的需求数据进行处理分析，使用数据可视化技术和数据追踪方法对分析结果进行解释，通过定期整理归纳总结出民众诉求集中关注的领域和热点话题等，数据化描述需求动态，从而以实现对民众需要的全面把握和精准定位，进而为政府制定更具针对性的政策提供参考依据。

3. 提升政府精准服务水平

美好生活需要的实现是以需求的有效满足为目的和结果。这既是政府治理能力的体现，也是国家治理能力和治理体系现代化的内在要求。政府治理是指政府对公共事务的管理，提供让大众满意的服务，精准服务则是政府治理能力和治理水平的最高体现，要求以人民需求为中心，在精准识别和整合民众需求的基础上，提供服务供给。实现民众需求的有效满足，主要体现在两个方面，首先是人们的需求是否得到满足，其次是政府服务供给是否按照人们的意愿方式或需要强度进行满足。为此，应不断完善政府治理机制，针对民众的切实需求进行精准服务。

首先，树立科学的治理理念和服务理念。党的十八届五中全会强调党和政府要树立精细化治理理念，推进精准治理就是要坚持以人为本的治理理念。各级政府及其领导干部应切实树立"以人民为中心"的价值取向和"群众利益无小事"的服务理念，不断改善政府人员的服务态度，提升工作效率，积极关注并认真回应民众诉求，以提升政府精准治理能力和治理水平。

其次，制定合理有效的服务供给策略。政府作为国家和社会事务的直接管理者，在社会治理中发挥无可替代的主导作用。政府有能力充分整合调动各种社会力量和资源，及时关注到社会中出现的各种问题，并对社会治理的公共政策作出必要的调整和完善。当个人需求被表达出来并逐渐凝结为社会需求后，就会被政府关注到并纳入到政策议程中，成为政府服务供给决策的现实依据。为此，各层级政府应当把民众的需求放在首位，让民众的切实需求成为政策的出发点和落脚点，根据人们的多样化的需求和偏好制定有效的服务供给策略，为其提供经济支持、医疗救助、住房保障、公共休闲设施建设等精准服务，从而有效避免供需之间的错位，以实现资源效益的最优配置和最大化目标。

五　结语

运用大数据分析方法对网络问政平台中的民众诉求进行总结分析，构建一个符合现阶段经济社会发展特征、贴近公众现实需要的美好生活需要内部层次结构框架，有利于为国家和政府政策制定者精准施策提供参考。本研究从经验角度出发，以全国性网络问政平台中的投诉、求助、咨询、建言四大留言类别为依据，按照人们的需求差异将美好生活需要划分为避损需要、保障需要、进阶需要和参与需要四个层次，并对构建的需要层次进行了理论层面的适用性分析，提出了相应的研究启示。其最大的价值所在，为马克思需要层次理论的细化和丰富提供了一个现实经验维度，为后续政府满足人们不同层次的美好生活需要、制定发展战略和政策设计提供了理论铺垫和思路参考。

当然，由于自身能力和研究时间有限，本研究是仅以领导留言板这一个网络问政平台的留言诉求为数据样本对美好生活需要层次进行经验划分的一次初步尝试，还处于探索阶段，尚未选取和对照对其他平台的诉求情况进行对比验证和深入分析，也未开展其他视角的研究。

"人民中心"视域下政府回应民众需求的类型及启示研究
——基于上海市养老政策与典型网络舆论文本的大数据分析[*]

闫　琴

在养老问题亟待解决的时代背景下，推进国家治理体系和治理能力现代化更要坚持"人民中心"的思想。我国强调"人民有所呼，政府有回应"，反对政府对民众需求的无动于衷，因此在"人民中心"视域下研究政府回应民众需求的类型及启示，有助于把我国国家治理体系和治理能力现代化水平提升到一个新的境界，也是马克思主义中国化新发展的体现。

本研究以上海市为例，坚持"人民中心"的治理理念，利用 LDA 主题模型对上海市近十年的养老政策和典型网络舆论文本进行数据处理，将政府回应养老需求的互动分为反复型回应、滞后型回应和静默型回应三类回应类型，对政府回应民众养老需求的类型进行创新性分类，并根据本研究的回应类型进行反思，为推进国家治理体系和治理能力现代化提供了启示，有助于中国特色治理模式的形成，同时也丰富了学界关于政府回应民众养老需求的类型研究。

---

* 本文系作者 2020 年华北电力大学硕士毕业论文。

一 数据来源与研究工具

(一) 数据来源

1. 数据来源选取说明

本研究以上海市为例考察政府养老政策对民众养老需求的匹配性，在数据选取上，包括中央及上海市颁布的养老政策文本和上海市民众养老舆论文本两部分。

21世纪以来，老龄化成为全世界不可逆转的趋势，我国也不可避免地卷入到"银发浪潮"中。截至2009年年底，全国13.34亿人中，65周岁及以上的共1.66亿人，占比为11.9%①，对比联合国《人口老龄化及其社会经济后果》进入老龄化社会的标准，中国已经步入老龄化社会，并且老龄化程度日益严重。上海作为我国经济最发达的城市之一，在1993年时人口自然增长率已呈现负增长的态势，开始普遍关注老龄化现象和养老问题。截至2009年年底，65岁及以上的老年人有221.00万人，占全市总人口的15.8%②。由上述可知，上海市已进入深度老龄化阶段，养老问题日益严重，养老困境愈演愈烈。

总之，上海市在经济快速发展的同时老龄化问题十分严峻，相比全国范围内其他城市而言，不论是空间还是时间上，上海都是最早进入老龄化社会且养老问题较严重的城市。上海市出现的养老问题种类多样，尤其严峻的老龄化现象使老年人的医疗保障问题日益突出，加剧了老年人的社会服务需求，也加重了政府的养老负担，一定程度上冲击着传统的养老模式。以上海为例从"人民中心"视域下来研究政府养老政策对民众需求的回应类型既具有代表性和先导性，又能为其他城市解决养老问题提供经验借鉴。

---

① 《2010年中国统计年鉴》，国家统计局，http://www.stats.gov.cn/tjsj/ndsj/2010/indexch.htm。

② 《2009年上海市老年人口和老龄事业监测统计信息》，上海市老龄科学研究中心，http://www.shrca.org.cn/News/detail。

2. 数据来源描述

数据文本包括典型网络养老舆论文本与养老政策文本两部分，其中典型网络养老舆论文本选取新浪微博中的养老留言和百度新闻中的养老新闻，时间跨度选定为 2010 年 1 月至 2018 年年底；中央及上海市的养老政策文本的数据来源于"中国政府网""上海养老网""上海人民政府网"和《上海市养老政策汇编》中的养老政策文本，时间跨度为 2010 年 1 月至 2019 年 3 月。

本研究的民众养老舆论文本从新浪微博和百度新闻平台选取数据是有优势的。首先，新浪微博是一个社交媒体，拥有广泛的关注度和曝光率，人们可在网上自由创建、分享和发现内容，可将人们实时自我表达的手段与社会互动结合起来，是民众可以直接表达自身诉求的网络平台。新浪微博自 2009 年 8 月上线以来，注册用户呈爆炸式增长，截至 2011 年 2 月，该平台用户已超过 1 亿①。因此，选择新浪微博为数据来源，有助于客观地采集并呈现人们的养老诉求数据。该平台实时呈现了自 2009 年年底以来网民分享或发现的内容。本文利用 python 抓取了该平台从 2010 年至 2018 年网民关于上海养老的舆论文本，文本数据量如表 1 所示。具体操作方法如下：在新浪微博平台中，点击"高级搜索"，条件框输入"上海""养老"，时间设置"2010 年"，利用 python 软件抓取该平台这一年所有舆论文本，将获取的舆论文本通过借助特定软件全部转化为 TXT 文本格式。2011—2018 年的舆论文本同理。

表 1　　　　　　　　　**数据来源的文本数量**　　　　　　单位：条

年份	2010	2011	2012	2013	2014	2015	2016	2017	2018	2019
新浪微博	806	9628	25459	17180	16597	14139	14674	15254	8146	
百度新闻	20	44	34	61	96	117	269	291	472	
养老政策	13	24	23	27	64	53	113	108	105	25

---

① 《2011 传媒业发展盘点》（2），人民网，http://media.people.com.cn/GB/22100/120097/120099/17437788.html。

其次，百度新闻作为中文新闻搜索平台，新闻源均来自权威网站，能够真实地反映民众的诉求热点①，是传递民意的平台，可将人们的诉求间接地通过新闻报道出来。百度新闻从 2003 年 11 月开始提供历史新闻浏览，因此选择百度新闻作为数据源具有一定的科学性和可行性。本文抓取了该平台 2010 年 1 月至 2018 年 12 月中关于上海养老的新闻，文本数据量如表 1 所示。具体操作方法为：在百度新闻中，点击"高级搜索"，关键词输入"上海""养老"，设置关键词为"仅在网页的标题中"，时间依次自定义为"2010 年"—"2018 年"，利用 python 软件抓取相关新闻。

中央和上海市的养老政策文本主要包括电子文本和纸质文本两部分，时间跨度为 2010—2019 年。电子文本来源于"中国政府网""上海养老网""上海人民政府网"中的养老政策，纸质文本来源于《上海市养老政策汇编》一书，将上述养老政策文本借助特定软件全部转化为 TXT 文本格式，手动检查并去除重复文本，详细信息如表 1 所示。

（二）研究工具

1. 工具选择

随着信息时代的到来和计算机技术的发展，"大数据"一词在 2012 年被广为人知。在大数据时代，运用大数据方法采集和挖掘人民群众的多方面诉求进而提高民众需求与政府政策的匹配性也是习近平新时代中国特色社会主义国家治理思想的体现，有助于国家治理水平的提高。借助大数据方法进行数据分析能够为政府了解民众的真正需求，制定与之匹配的政策提供信息。例如，收集民众在网络平台中发表的舆论文本，对舆论文本进行主题挖掘研究，追踪民众对某一社会问题的关注态度变化并分析成因，有利于政府精准施策。

舆论文本挖掘模型多种多样，本研究在工具上选择 LDA 主题模型对舆论文本进行数据化处理②。该模型以计算机运算为基础，选定

---

① 来自百度百科词条，参见 https://baike.baidu.com/item/百度新闻。

② 金苗、自国天然、纪娇娇：《意义探索与意图查核——"一带一路"倡议五年来西方主流媒体报道 LDA 主题模型分析》，《新闻大学》2019 年第 5 期。

大规模文档数据作为语料库，将文档文本转化为数据信息，计算每一篇文档所内涵主题的概率分布，经过反复多次循环迭代后，根据收敛最佳状况，输出对大规模文本数据自动归纳和提炼后包含一定量概念词汇的词群。LDA 模型是一种数字化的文本分析技术，其任务是："以无监督计算的方式挖掘文本中主题词的分布规律，聚合类似主题词，提取文本潜在主题（主旨），这些类似主题词呈现为一个包含同类词集的主题群。"运用这一模型的优势在于，能够克服由于数据文本规模浩大造成的提取困难，高效整理提炼文本的内容信息[1]，进而便捷地挖掘出其中包含的民众养老诉求，研究政府养老政策与民众诉求的匹配性。

在 LDA 模型应用过程中，有以下两点需要说明的技术问题：第一，停用词的建立和应用。中文语句中常常有一类词频繁出现并无实际意义，同时占用大量存储空间，如"的""了""所以"等，这些词称为"停用词"（stopwords）。因此，在使用 LDA 主题模型之前必须建立停用词表，并在计算机运算前将其剔除，以减少存储空间和保证运算结果的有效性和准确性。确定和选取停用词是一个不断试验并加入研究者判定的过程。本研究中对新浪微博、百度新闻和政府政策的养老文本数据采用了共同的停用词表。

第二，LDA 模型设置主题（Topic）数量、主题词汇和迭代次数，以保证结果的相对客观性和可读性。由于 LDA 模型运行原理是输入一定的主题数量，将词汇归纳，对概念进行聚类，因此确定 LDA 模型主题数量时，先后选取 15—25 个主题进行比照，根据尝试主题数呈现结果确定 20 个主题为最优结果。确定主题的词汇数量同理，分别选取20、30、50 词比照，最终确定 20 词为相对最优结果。迭代次数是指为获取相对客观且稳定的结果，计算机对于主题重复次数的设置。LDA 模型软件默认迭代次数为 200 次，为保证主题结果的稳定，本次研究设置的迭代次数为 500 次。

---

① 王建红、张乃芳：《大数据方法与马克思主义理论话语体系研究初探》，《马克思主义理论学科研究》2017 年第 5 期。

2. 工具操作思路

从一定意义上说，某些词汇在文章中的集聚出现常常能够反映潜在信息，显示作者的关注点。借助 LDA 模型，本研究将新浪微博、百度新闻和养老政策的 TXT 文本进行提炼，筛选出具有一定指向性的主题，分别对每年的主题及其权重进行归纳总结，选出 LDA 主题模型呈现结果较多的诉求话题，如"居家养老""农村养老"和"养老服务人才培养"等。因此本研究主题类呈现的养老话题较多，在此仅"居家养老"为例，进行可视化操作呈现，总体思路如图 1 所示。

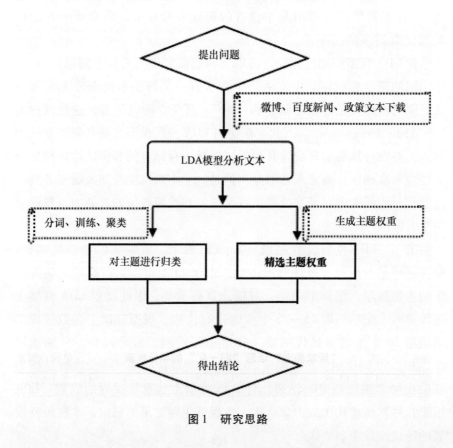

图 1　研究思路

为了对民众的养老需求进行更进一步地研究，本文后面的研究将以具体养老诉求的主题权重为数据支撑，通过折线图形象展示具体养老诉求的年份权重变化。主要流程如下：首先，根据新浪微博、百度新闻和养老政策的舆论文本在 LDA 主题模型多次训练的结果，分别选取所有年份中与"居家养老"话题相关的主题，根据主题对应的权重做出表2。其次，在此基础上将表2对应主题的权重数值填入表中，生成表3。再次，基于表3中的数值相差较大，在此采用数学中的归一化法，运用 y =（x − min）/（max − min）的公式，其优势在于可将所有数据归一化在0—1之间，同时保持数据间的相对关系（见表4）。最后，将表4导入 excel，做出折线图，并将在后文展开讨论。

表2　　　　　　　　　　"居家养老"话题的权重分布　　　　　　单位：主题

年份	2010	2011	2012	2013	2014	2015	2016	2017	2018	2019
新浪微博	Topic6	Topic6			Topic10、19		Topic15	Topic12		
百度新闻	Topic6	Topic3		Topic12	Topic9			Topic0		Topic4
养老政策		Topic 11	Topic4		Topic14、19	Topic 14	Topic0	Topic12		

表3　　　　　　　　　　"居家养老"话题的年份权重　　　　　　单位：权重

年份	2010	2011	2012	2013	2014	2015	2016	2017	2018	2019
新浪微博	0.0241	0.0182	0	0	0.0353	0	0.0178	0.0335	0	
百度新闻	0.2329	0.0002	0	0.0001	0.0021	0	0	0.0002	0	0.0001
养老政策	0	0.0003	0.0001	0	0.0023	0.0002	0.0002	0.0002	0	0

表4　　　　　　　　　　"居家养老"话题"归一化"的年份权重　　　　　　单位：权重

年份	2010	2011	2012	2013	2014	2015	2016	2017	2018	2019
新浪微博	0.6814	0.5142	0	0	1	0	0.5042	0.9488	0	
百度新闻	1	0.0008	0	0.0006	0.009	0	0	0.001	0	0.0003
养老政策	0	0.1078	0.0302	0	1	0.067	0.0690	0.0647	0	0

二 政府对民众养老需求的反复型回应

政策回应是政府与民众的一种互动方式，由于社会环境与民众需求的不断变化，政策与民众养老需求互动频繁，构成政府回应民众需求的一种类型即反复型回应。本研究以上海市为例从"人民中心"视域下对养老政策与民众舆论文本进行数据呈现，发现诸多养老问题存在政策与民众需求反复互动的现象，通过分析现实成因并总结类型特征，期望对推进国家治理体系和治理能力现代化提供建议，形成中国特色的治理模式。

（一）反复型回应的数据结果

1. 对养老护理需求反复回应的数据结果

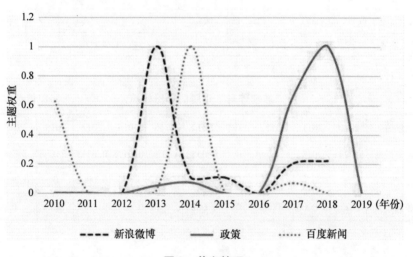

图 2 养老护理

如图 2 所示，微博、百度新闻和政策的权重趋势曲线均表现出较大的波动，对上海养老护理问题一直呈现较为关注的状态。

首先，分别对三条趋势线进行分析。民众在微博平台中对养老护理的需求处于大起大落的状态，民众虽在 2013 年、2017 年和 2018 年对养老护理诉求权重较大，但整体呈持续关注的趋势；百度新闻的曲线跌

宕起伏，分别在 2010 年、2014 年和 2017 年出现高峰值，其他年份权
重值较小；政策回应的权重曲线大致可分为两个阶段，2010—2016 年
权重较小，曲线较为平稳，2016—2019 年波动较大，政府颁发的养老
护理的政策通知在 2018 年比重较大，主题权重值达到 0.20947。

其次，总体分析三条曲线的趋势。图 2 大致可以分为两个阶段：
2010—2016 年，民众在微博和百度新闻中的养老护理需求波动幅度较
大且权重值高，政策回应的权重曲线一直较为平缓，与微博和百度新闻
的波动变化形成鲜明对比；2016—2019 年，微博和百度新闻的诉求曲
线同步在 0—0.05 变化，相比 2010—2016 年明显下降的权重值，政策
在近三年中权重呈大幅上升趋势，居高不下。

2. 对养老保险制度反复回应的数据结果

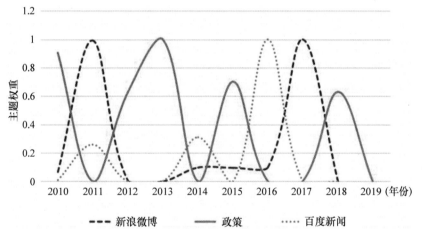

图 3 基本养老保险制度

分析图 3 可得，随年份推移，上海市基本养老保险制度在微博、百
度新闻和政策的诉求权重波动幅度较大，政策与民众需求互动频繁，权
重曲线常常交织在一起。

首先，微博中基本养老保险制度的权重曲线呈现出两边高中间低的
态势，分别在 2011 年和 2017 年有高峰点，2012—2016 年保持相对稳
定平缓的趋势，总体来说民众对基本养老保险制度的关注热情始终较

高；民众在百度新闻中对基本养老保险制度的诉求权重在波动中不断上
升，分别在 2011 年、2014 年和 2016 年呈现阶段性的高峰点，尤其在
2016 年权重值达到 0.99704，2017—2018 年权重回落至零点；政策在
2010—2019 年对基本养老保险制度回应频繁，但不同年份权重值相差
较大，权重曲线起伏明显，平均每三年出现一个高峰点。

其次，微博、百度新闻和政策关于基本养老保险制度的权重曲线常
常交织在一起，可以分为两个阶段：2010—2013 年，微博、百度新闻和
政策的曲线交织次数较少，可见民众与政府关于基本养老保险制度的互
动回应相对较少；2014—2019 年，三条的趋势线频繁出现曲线相交的情
况，说明政府政策与民众需求关于基本养老保险制度问题互动频繁。

3. 对居家养老需求反复回应的数据结果

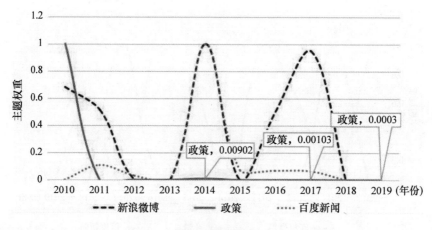

图 4 居家养老

由图 4 可知，上海市关于居家养老问题的三条曲线总体呈现出大起
大落的趋势，平均每三年有一个高峰值。

首先，微博的权重曲线是三条线中波动幅度最大的，2010—2018
年有三个诉求较高的年份，分别为 2010 年、2014 年和 2017 年，民众
在这三年关于居家养老的需求表达激增；百度新闻的权重曲线则两边低
中间高，曲线可分为三个阶段，2010—2013 年起伏平缓，2013—2015
年波幅较大，诉求较高，2015—2018 年再次呈现趋于平缓波动；政策

回应的权重曲线分为两个阶段，2010—2011 年权重急剧下降，2011—2019 年曲线趋于平缓，但在 2014 年、2017 年和 2019 年分别有小的权重起伏，政府随年份变化先后颁布与上海居家社区养老相关的政策法规。

其次，综合分析三条曲线的权重趋势走向。图 4 可分为三个阶段：2010—2013 年，微博、百度新闻和政策这三条曲线均起伏明显，呈现活跃的发展态势；2013—2015 年，民众在微博和百度新闻中对居家养老的关注居高不下，而政策回应相对平缓；2015—2019 年，微博平台的居家养老诉求权重再次上升，政策对此问题的回应度降低。相比微博和百度新闻波动幅度较大的趋势，政策在 2010—2019 年相对保持平缓稳定，对居家养老问题持续关注。

4. 对农村养老需求反复回应的数据结果

如图 5 所示，微博、百度新闻和政策的三条权重曲线保持一致，波动较大，多数年份对上海养老护理问题一直较为关注。

首先，分别对三条趋势线进行分析。民众在微博平台中对农村养老的关注处于大起大落的状态，民众虽在 2010 年和 2017 年较为关注农村养老，但整体呈持续关注的趋势；百度新闻的曲线在上图中跌宕起伏，分别在 2010 年、2011 年和 2017 年出现高峰值，其他年份权重值较小；政策回应的权重曲线大致可分为两个阶段，2010 年权重较高，2018 年再次出现高峰值。

其次，总体分析三条曲线的趋势。图 5 大致可以分为三个阶段：2010—2012 年，民众在微博和百度新闻中对农村养老的关注权重值高，政策回应也较为频繁；2013—2016 年，三条曲线波动较小；2017—2019 年，三条曲线的权重再次持续变大，且走向一致。

（二）反复型回应的原因估判

1. 对养老护理需求反复回应的原因估判

民众对养老护理问题的诉求高潮在 2013—2014 年和 2017—2018 年，政府频繁与民众需求互动，做出政策回应。上海市在老龄化进程加速发展的过程中，老年人数量的激增对养老护理服务的需求呈现井喷趋势。养老护理既包括为老年人提供优质的衣食住行，也包含为老年人提

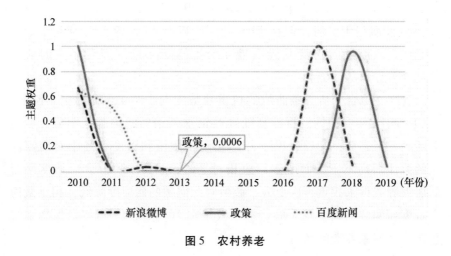

图 5　农村养老

供诊断、治疗、康复护理、精神慰藉等一系列服务，使其保持良好的身心状态。

2013 年以来，上海进入独生子养老时代，养老压力与日俱增，民众对于增建老年护理机构设施和培养老年护理人才的需求急剧增多。首先，接诊室、护理站和康复训练室等一系列养老护理机构设施均有较大的缺口，其中民众对护理床位的需求最大。上海在"银发浪潮"的背景下，老年护理床位资源匮乏，且床位的增长速度严重滞后于老龄化速度。其次，随着上海市人口老龄化的加速发展，民众对老年护理人才的需求迅速增长，相比之下护理人员无论是从数量还是质量上都无法满足老年人的需求。

政府在政策回应中也积极关注老年护理的问题。2013 年上海市实施的《老年照护等级评估要求》中对老年人的照护需求进行等级划分并匹配相应的养老服务。2014 年发布的《关于加快发展养老服务业推进社会养老服务体系建设的实施意见》中鼓励二级医院转型为老年护理院并设置老年护理床位以提高老年人的健康服务水平，为老年人提供养老护理保障。

2017 年以来，上海市"未富先老"现象日益严重，老年人对"医养结合"和长期护理的需求大幅增加，原因有三：一是老年人年纪较大，患病率高于普通人群，对医疗器械的需求度更高；二是老年人长期占用医院床位，床位流动性下降，不利于普通人群住院看病；三是养老床位缺乏医护的配套，民众对医疗和养老相结合的需求加大。

政府面对民众"医养结合"的诉求积极互动，做出回应。上海从2017年1月开始实施长期护理保险试点，并相继颁布了《关于老年照护统一需求费用补贴有关问题的通知》和《关于上海市长期护理保险试点区养老服务补贴政策相关事项的通知》，政策文件中鼓励将养老与医疗相结合，实现医疗卫生与养老服务资源共享，为解决"老有所养"问题提供有效对策。

2. 对养老保险制度反复回应的原因估判

民众近十年对上海市基本养老保险制度呈持续关注的态势。截至2011年，除缴纳城镇职工基本养老保险的人群外，还有部分城镇户籍非从业人员没有享受到社会养老保险的待遇，人人"老有所养"的目标尚未实现，我国社会养老保险体系的覆盖率有待进一步提高。

上海市政府为满足民众的需求，扩大社会养老保障体系的覆盖率，在2011—2013年制定并颁布了诸多法规，并于2011年出台了《关于开展城镇居民社会养老保险试点的实施意见》，规定年满16周岁的城镇户籍非从业人员中如果没有条件参加职工保险，可以参加城镇居民养老保险，自愿、自主的选择缴费档次，这在一定程度上完善了上海市的社会养老保障体系。

2014年国务院会议中决定合并"新农保"和"城居保"，建立统一的城乡居民基本养老保险制度，实施《关于建立统一的城乡居民基本养老保险制度的意见》，提到在"十二五"规划末将在全国基本实现两者的合并与职工基本养老保险相衔接，这是我国首次在福利方面消除城乡差别。上海市在同年研究制订了《上海市城乡居民基本养老保险办法》，提出将结合本市实际情况逐步实现"城居保"和"新农保"的合并，有利于促进城乡融合和推动城镇化进程。

2016年以来，二胎政策给我国养老保险制度带来了诸多变化，尤其对于全国最早进入老龄化行列的城市——上海的养老保障影响最深。一方面，开放二胎政策对上海的养老保障产生积极影响：一是二胎政策伴随着生育率的上升，进而带来劳动人数的增加，一定程度缓解了国家养老金紧张的压力，减小了养老保障负担；二是强化了家庭养老，改善了家庭成员赡养老人的人力财力支配。另一方面，二胎政策也会给上海的养老保障体系带来负面影响：一是民众生育一个孩子的观念根深蒂固，同时在上海养育一个孩子需花费大量的时间人力财力，多数家庭反而不会轻易选择生二胎；二是新生儿的出生加重家庭的负担，有些家庭在花更多财力到新生儿的抚养教育的同时会忽略或减少对养老保险的缴纳和老人的赡养，这在一定程度上加重了国家的养老负担，刺激民众对城乡居民养老保险政策提出更高的要求。

3. 对居家养老需求反复回应的原因估判

民众关于上海市居家养老问题的关注高潮在 2010—2011 年，2014年和 2017 年。

上海市是全国最早进入老龄化社会的城市，而老龄化面临的一个现实问题就是养老问题。2010 年以来，随着经济和社会迅速发展，民众对居家养老的诉求越来越大。人们选择居家养老的原因主要包括以下几点：第一，大多数老人受到"养儿防老"传统价值观的影响更愿意选择居家养老。居家养老既可以减轻子女养老的负担，又能满足老年人在自己熟悉的家庭环境和社区环境中安度晚年的需求。第二，居家养老符合我国国情。我国在经济尚不发达，物质基础不够完全充裕的条件下进入老龄化社会，居家养老与机构养老相比，成本较低、覆盖面更广，可以更便利的满足老年人的服务需求，缓冲老龄化带来的家庭养老压力。

对此，上海为满足居家老年人的养老服务需求，积极探索居家社区养老服务，在 2010 年实施《社区居家养老服务规范》地方标准，引导居家社区养老服务行为的规范化。

2014 年以来，居家养老作为一项社会福利尤其对贫困低收入的失能老人有利，民众对居家养老的需求日益增大。但是当前居家养老服务的资金主要来源于政府投入、社会保障体系和商业保险，市场提供居家养老服务的资金支持不够充足，影响了居家养老的可持续化发展。居家养老服务的资金发展障碍包括以下几点：第一，老龄人口比重的上升和高龄人口的增多。据上海市老年人口和老龄事业发展基本信息显示，截至 2013 年年底，上海 60 周岁及以上人口占总人口的 27.1%，80 岁及以上的老年人占总人口的 5.0%，均有大幅增长。老龄人口的不断增多和预期寿命的不断提高势必会增加对居家养老的需求。第二，政府资金投入面临的困难。居家养老服务的补贴主要依赖市和区县两级政府的投入，包括福利彩票公益金和政府财力。随着居家养老补贴总额数量的不断扩大，政府财政投入也需相应增加，在资金投入面临一定的压力。第三，社会力量发展居家养老服务面临市场机制的制约。居家养老服务是在政府强力推行下形成的，社会力量或非营利组织常常担负责任的同时又不能盈利，难以再次投资居家养老服务建设。长期来看，居家养老服务只有以市场为导向才有利于居家养老覆盖面的进一步扩大，社会力量发展居家养老面临市场制约的现状亟须改变。

综上，政府对民众关于居家养老的诉求积极回应，2014 年上海市民政局先后印发了《关于调整本市居家养老服务相关政策的通知》（沪民老工发〔2014〕7 号）、《关于调整本市居家养老服务相关政策实施意见》（沪民老工发〔2014〕9 号）和《关于贯彻本市居家养老服务相关政策的实施细则》（浦民〔2014〕62 号），鼓励社会组织介入社区为老服务，探索市场化运作机制。国务院在 2015 年实施《关于鼓励民间资本参与养老服务业发展的实施意见》（民发〔2015〕33 号），鼓励民间资本运用互联网等技术手段参与居家社区养老服务。

截至 2017 年年底，上海老龄化程度进一步加剧，60 岁及以上人口约占总人口的 1/3。政府为此不断推进居家养老，积极建设老年宜居社区，在街镇上建设综合为老服务中心，但仍不可避免出现一些问题：第一，市场化养老供给的问题较为突出。除了政府对养老市场化的限制，老年人受收入水平和传统消费观念的影响热衷于免费养老项目，对能有效改善生活质量的收费项目不太能接受，因此养老市场发展缓慢，难以形成多层次可选择的优质养老服务。第二，科技智慧养老服务受限。随着科技进步，利用高科技服务居家养老是大势所趋，但是当前智慧养老设备存在操作复杂，老人无法自行使用和设备专业化程度高，因此，目前科技难以高效地在居家社区养老服务中发挥作用。

工信部、民政部和国家卫生健康委员会在 2017 年联合制定《智慧健康养老产业发展行动计划（2017—2020）》，提出要"充分发挥信息技术对智慧健康养老产业的提质增效作用"，推动智慧养老更好地服务居家养老服务。同年上海市经济信息化委和市民政局印发《上海市"一键通"为老服务项目指南》，并指出把智慧养老作为为老年人提供优质服务的重要手段。

4. 对农村养老需求反复回应的原因估判

民众对农村养老需求的关注集中在 2010—2012 年和 2018 年。21 世纪以来，上海工业化和城市化进程加快，到 2010 年，上海已处于后工业化阶段①，越来越多的外来农民涌入城区，同时政府对农民土地的征用不断增加，外来农民和被征地农民的养老问题成为事关社会稳定的大事。2010—2012 年，大量外来务工人员在上海缴纳社保的同时户口在农村，其养老问题成为被社会所关注；此外上海郊区的农村土地被大量征用，农民失去赖以生存的土地，养老问题迅速成为讨论焦点。

上海市为更好地贯彻国务院于 2009 年发布的《关于开展新型农村社会养老保险试点的指导意见》，在 2010 年颁布了《上海市人民政府贯彻国务院关于开展新型农村社会养老保险试点指导意见的实施意见》，力求实现新老农保制度的衔接，保障农民的养老权益。2012 年上海市印发《关于确定本市新农保领取养老金人员死亡后丧葬补助金标准的通知》，进一步整合了"新农保"和"城居保"，实现"新农保"与"城居保"的一致。为切实解决被征地农民的养老问题，上海市在 2012 年还颁布了《关于本市被征地人员就业和社会保障办理工作若干问题处理意见（试行）的通知》，为征地养老提供了解决方案。

党的十八大以来，我国社会主要矛盾已经转化为人民日益增长的美好生活需要，上海市作为工业化进程最快的城市之一，截至 2017 年年底大部分农村老人成为参保人群，但仍有部分老人尚未缴纳养老保险，他们或是因为年轻人外出打工，留高龄老人维持生活没有养老保障；或是因为没有子女和亲人，孤身一人无人奉养；又或是因为农村一些老人

---

① 《中国的工业化进程：阶段、特征与前景》（上），中国社会科学网，http：//www.cssn. cn/jjx/xk/jjx_ yyjjx/gyjjx/201312/t20131219_ 914024. shtml。

没有交养老金的习惯，无法维持生计。同时农村老人在获得养老保障，生活水平有所提高的基础上，配套的养老基础设施建设也需逐步完善，如养老院、照护床位和安全防护建设。

党的十九大报告提到要健全农村老年人关爱服务体系，完善城乡居民基本养老保险制度。上海市民政局为贯彻党的十九大精神，提升农村养老服务水平，于2018年开始实施《上海市农村地区养老美好生活三年行动计划（2018—2020）》，全面推广并增设农村老年托老所、综合为老服务中心和老年人睦邻点，实现"不离乡土、不离乡邻、不离乡音、不离乡情"的互助式老年服务。为全面推进上海市城乡全体居民的养老保险制度建设，缩小城乡养老保险待遇差异，上海市政府于2019年修订了《上海市城乡居民基本养老保险办法》。

（三）反复型回应的特征总结

1. 养老需求持续存在

第一，老年人对护理的需求自始至终都存在。老年人随年龄不断增长，机体功能逐渐衰退，容易出现疾病进而损伤身体，医疗护理是老年人的最基本需求之一，我国自1999年进入老龄化社会以来，人口老龄化步伐迅速加快，老年人照顾和护理需求日益增大。尤其伴随着独生子女时代的到来，家庭结构日趋小型化，越来越不能满足老年人对护理和医疗的需求，老年人开始涌入医院，出现"社会性入院"的现象。总之，对老年人的照顾和护理一直以来都是老年人的基本需求，我国"未富先老"的国情加剧了养老护理需求。

第二，民众对我国基本养老保险制度的持续关注。基本养老保险制度为居民在老年阶段提供了生活保障，因此民众对基本养老保险制度的关注度一直较高。21世纪以来，中国的人口老龄化现象呈现加速趋势，面对城镇居民和农村居民、机关事业单位和企业单位之间养老保险制度不同的情况，民众渴望城乡养老保险的统一，期待基本养老保险制度逐渐完善和补充，实现由"碎片化"向"整合化"的过渡。得到更多的养老实惠。

第三，民众对居家养老问题的关注时间久远。居家养老以家庭为核心，是对传统家庭养老模式的补充和完善，而自古以来家庭养老就是我国主要的养老模式，伴随着我国经济的不断发展，机构养老逐渐出现，但机构养老与我国传统的养老文化和民众的思想观念相违背，加之昂贵的服务费用和资源的不均衡占有，因此没有拥有广阔的市场，也没能获得多数老年人的喜爱。21世纪以来，伴随着养老方式多元化的发展，家庭养老作为传统的养老方式，早已根深蒂固于人们心中，居家养老由社会提供养老服务的同时仍以家庭服务为主。

第四，农村养老问题持续存在。早在2005年，中共十六届五中全会通过的《十一五规划纲要建议》中就提出"扎实推进社会主义新农村建设"[①]。21世纪以来，中国随着老龄化程度不断深入，"中国养老的关键、重心在农村，突破口也在农村"[②]，可见农村养老问题也是一直持续存在的。

2. 养老需求不断变化

第一，养老护理问题的时代变化。我国作为较早进入老龄化社会的发展中国家，老龄化呈现发展速度快、超前于经济发展的特点，老年人对养老护理的需求与日俱增，随之产生一系列护理问题：一是养老护理的能力不足、专业素养有待提升。由于老年人年龄较高，身体上全身器官功能衰退，易生病且不易彻底治愈，心理上常出现焦虑、情绪不稳定等多种表现，这要求护理人员具有较高的专业素养，同时具备心理学的常识和技能，懂得如何与老年人沟通。二是老年护理保障机制不健全。养老护理问题是在"未富先老"的国情下出现的，我国养老保障制度以即时性政策居多，尤其养老护理在专业技术上缺乏完善的规程和监管体系，缺乏完善的护理保险制度，老年护理模式存在争议。

第二，我国基本养老保险制度存在的问题在与时俱变。我国基本养老保险制度在实际运行中，始终有许多深层次问题亟待解决，主要包括：一是在人口老龄化背景下，参保缴费者数量相对减少的同时老年人口预期寿命延长，意味着养老金供给相对减少，支付压力增大；二是我

---

① 《认真贯彻十六届五中全会精神 努力推进社会主义新农村建设》，《人民日报》2005年10月28日第1版。

② 杜鹏：《中国农村养老服务现状与发展方向》，《中国社会工作》2018年第26期。

国养老保险制度存在"碎片化"现象,城镇和农村之间、机关事业单位和企业之间的养老保险制度不统一;三是不同省市和地区经济发展不均衡,导致养老保险转移不便,耗费时间。

第三,居家养老问题的不断发展。居家养老作为家庭养老的延伸①,是在我国"未富先老"的时代下应运而生的养老模式,同时也伴随一些新问题的产生。一是居家养老服务项目缺乏吸引力。目前居家养老推出的服务形式多样,包括助餐、助医、助洁、助浴等诸多服务,但实际上居家养老提供的主要服务是家政保洁,缺乏医疗护理服务和老年教育,老人的精神需求也不能得到满足,因此吸引力不足。二是老人传统的消费观念与居家养老服务项目不匹配。城镇有养老金的老年人不舍得花钱购买服务,农村老年人没钱购买服务,因此居家养老推行市场化服务困难重重。

第四,农村养老问题在与时俱变。人口老龄化愈发严峻的上海随着城镇化的不断推进,大规模人口从农村流向城市,农村空巢现象日益严重,农村老人无法获得及时、充分的养老资源,这进一步加剧了农村养老问题,可见农村养老问题随时代进步也在不断变化。

3. 养老需求难以彻底解决

第一,政府对养老护理问题的持续努力。近年来,上海由于人口老龄化和独生子女时代的到来,政府对养老护理问题的重视度愈来愈高。"十一五"和"十二五"期间,我国政府针对老年护理服务供给不足的难题,不断扩大养老服务设施建设,培养养老护理服务人才,开创医养融合新模式,尤其在2017年开始试点长期护理保险制度,尽全力满足民众的养老护理的需求。

第二,基本养老保险制度存在的问题难以彻底解决。基本养老保险制度为退休职工的生活提供保障,长期以来一直是我国政府关注的重点。我国对城镇企业职工基本养老保险制度、城乡居民基本养老保险制度和机关事业单位基本养老保险制度不断进行改革完善,城镇企业职工养老保险制度注重养老保险待遇的提升,城乡居民基本养老保险制度强

---

① 娄方丽、田辉:《居家养老护理需求研究进展》,《护理研究》2019年第33期。

调制度层面的公平和全覆盖，机关事业单位养老保险制度重视对养老金待遇的保持，虽然侧重点不同，但目的都是实现我国基本养老保险制度的可持续发展。

第三，居家养老模式的实践和探索一直在完善。居家养老服务作为养老服务方式的组成之一，中国在近些年来逐步加大对居家养老的政策支持。"十一五"期间上海提出"9073"的养老模式，强调居家养老的重要性，在全市全面推开居家养老服务工作。"十二五"期间，上海市继续加强居家养老服务设施建设，扩大其覆盖面，并相继颁布了《关于进一步规范本市社区居家养老服务工作的通知》和《关于调整本市社区居家养老服务相关政策的通知》等文件。

第四，农村养老问题难以深入彻底地解决。城镇化进程加速了上海农村人口老龄化，首先，我国养老服务体系"重城市、轻农村"，与城市相比，政府对农村地区养老服务的财政投入和重视程度明显不足，使得农村养老服务起步较晚且设施建设不完备，城乡间的养老服务差距不断拉大。其次，政府对农村老年人中的"低保"老人、孤寡老人、失能老人等弱势群体关注较多，普惠性投入不足，养老服务尚未覆盖全体老年人。

（四）反复型回应的深层原因

综上所述，此类养老需求具有持续存在、随时代不断变化和难以彻底解决的性质。一方面由于此类养老需求持续存在，政府对此需求一直较为关注，另一方面此类需求随着时代进步也在不断变化，表现出一些新的需求，因此政府会根据新的时代特征在坚持"人民中心"思想的基础上制定相应的政策与民众需求反复互动。基于此，政府对此类养老需求呈现为反复型回应。

本研究发现反复型回应在政府回应民众需求的类型研究中是最为常见的一种匹配类型，而学界大多认为滞后型回应是更常态的匹配类型。相比较两者，他们大多重视政府在短期内回应民众需求呈现出的滞后型回应并对此进行学理研究，但将时间跨度变大，从十年甚至五十年来看，滞后型回应的养老需求可能与政策表现为频繁互动的现象。例如通过农村养老的数据呈现可以发现，农村养老需求集中分布在2010—

2013 年和 2017—2019 年两个阶段。单从 2017—2019 年这一时间段来看，似乎表现为滞后型回应的类型，但追溯到 2010 年就不难发现纵观十年间的农村养老问题实际是反复型回应的类型。

三 政府对民众养老需求的滞后型回应

政府在政策实践中不可避免地存在政策滞后民众需求的现象，钟裕民曾说"政策供给相对政策需求而言总是滞后的"①。政策滞后虽是常态现象，但长期的政策滞后会影响政策效率的发挥和民众需求的表达，不利于民生政府的建设和国家精准治理。本研究以上海市为例对养老政策与民众舆论文本进行数据结果呈现，发现在一些养老问题上政策滞后于民众需求，构成政府对民众养老需求的滞后型回应。通过分析滞后型回应的数据结果、原因估判并总结类型特征，为我国在养老民生问题中进行精准治理提供启示。

（一）滞后型回应的数据结果

本文以上海市为例，基于新浪微博和百度新闻平台中民众的养老舆论文本，结合养老政策进行大数据分析，归纳总结出政策滞后于民众诉求的养老问题，其中包含以下 2 个具体问题，在此笔者对政策滞后匹配型进行数据呈现。

1. 对养老人才需求滞后回应的数据结果

从图 6 可知，微博、百度新闻和政策中关于上海市养老服务人才培养的权重折线跌宕起伏，随年份变动明显。首先，微博平台中关于养老服务人才培养的诉求折线起伏较小，没有明显波动，可见 2010—2018 年民众在微博平台很少讨论此话题；百度新闻中关于养老服务人才培养的报道较多，分别在 2013 年和 2017 年讨论热烈，由于 2013 年权重较小，在图 6 中标注注释加以说明；老年服务人才培养的相关政策在2014 年和 2017 年主题权重有两个高峰值，对此问题颇为重视。

其次，结合三条折线分析可得，微博中对养老服务人才培养的需求

---

① 钟裕民：《公共政策滞后：类型与特征的探讨》，《学术探索》2010 年第 1 期。

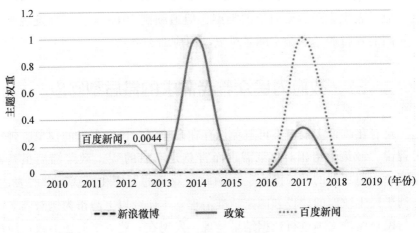

图 6　养老服务人才培养

折线几乎没有变化，权重趋近于零，而百度新闻和政策的折线均有高峰值且年份接近，主要分布在 2013 年、2016—2017 年两个阶段。2013 年百度新闻对养老服务人才培养的报道明显增多，政策紧随其后，在 2014 年此话题的权重高达 0.23；2017 年，百度新闻中的养老服务人才需求折线又出现两个高峰，政策稍稍滞后于新闻，在 2017 年权重上升。

2. 对养老设施需求滞后回应的数据结果

由图 7 可得，微博、百度新闻和政策关于上海市养老设施建设的主题权重波动段在 2013—2018 年。首先，2013—2018 年民众在微博平台中持续关注上海养老设施建设的问题，不同的是在 2014 年权重达到 0.36143 的高峰值，2015—2018 年虽权重值不大，但是对此问题关注热情不减；民众在百度新闻对养老设施建设需求在 2014—2018 年跌宕起伏，尤其在 2015 年和 2017 年主题权重较大；政策对养老建设问题的回应集中分布在 2015—2018 年，且权重一直较小，仅在 2018 年出现一个小的高峰点。

其次，综合三条曲线可以发现，2010—2013 年民众在微博平台和百度新闻中对上海养老机构和社区建设的诉求权重值为零，政策在这一阶段也没有相关的政策回应。2013—2019 年又可以分成两个阶段，微

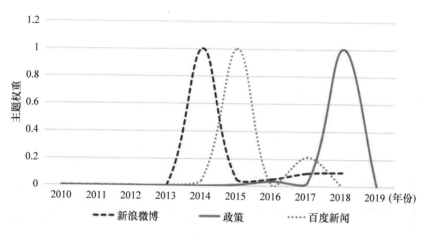

图 7 养老设施建设

博和百度新闻在 2014—2015 年关于上海设施建设的主题先后呈现两个高峰点，政府在 2015—2017 年制定建设上海养老设施的政策文件；2017 年民众在微博和百度新闻中对此问题的诉求权重再次增大，建设养老设施的政策权重在 2018 年波动上升。上述两个阶段中，政策的颁布在时间一直滞后于微博和百度新闻。

（二）滞后型回应的原因估判

1. 对养老人才需求滞后回应的原因估判

民众对于培养养老服务人才的需求主要在 2013 年。上海市在全国范围内实现工业化和城市化进程领先的同时也率先进入深度老龄化阶段，老龄人口急剧增加，养老服务人员不可避免地出现紧缺现象。2013 年以来，大批量第一代独生子女父母步入老年人行列，社会养老服务需求高涨，而上海的养老机构护理人员和社区居家养老服务人员增长速度较慢，且多为 "4050 人员"① 和农村进城务工人员，专技水平低，亟待政府培养养老服务专业人才。上海市老年人的服务需求日趋增强，除了普通的生活照料，更需要多样化、专业化的护理，这对上海当前养老

————————

① 4050 人员指处于劳动年龄段中女 40 岁以上、男 50 岁以上的难以在劳动力市场竞争就业的劳动者。

服务人员专业化程度较低的情况提出了严峻的挑战。在 2010 年以前上海养老服务人员数量虽有大幅提升，但仍存在养老服务行业准入门槛较低，养老队伍专业化素养不高，服务水平较低，多数养老服务人员学历不高，没有通过专业的职业资格考核。因此民众对于养老服务从业人员的需求提升，提高养老服务人员的专业化水平成为上海市面临的主要问题。

政策在 2014 年和 2017 年回应权重较高。面对民众对于养老服务人员的需求，上海市为缓解养老服务人才供给不足的矛盾，在 2014 年颁布了《关于加快发展养老服务业推进社会养老服务体系建设的实施意见》，提出要建设养老服务供给体系等"五位一体"的社会养老服务体系，实现这一目标需要专业的服务人员和管理人员，加强养老服务行业人才培养，开展专业的养老服务培训。

随着老龄化现象加剧，老年人群体不断扩大，基础养老服务体系逐渐完善，老年人对养老服务质量的要求逐渐提高，尤其养老服务人才的专业化水平有待提高。2017 年是实施"十三五"规划的重要一年，政府在 2017 年出台 16 项养老政策，其中包括对养老服务人才培养的重视。2017 年上海市出台养老护理员专项培养培训文件或方案，提出应不断提高养老服务人员的工资待遇，努力降低养老服务业的人员流失；鼓励高校设置养老服务专业或联合企业培养养老服务人员，对选择养老服务专业的学生进行就业指导和专业化培训，积极设立养老服务人才培养基地，打造高质量高水平的养老服务队伍。

2. 对养老设施需求滞后回应的原因估判

随着上海老龄化程度的加深和家庭养老能力的弱化，民众对于养老服务设施的需求急剧增加，分别在 2014—2015 年和 2017 年出现两次高峰值，上海市养老服务设施逐渐呈现出总量不足和配置不合理的现象。

2014—2015 年，伴随着第一代独生子女父母步入老年以及老年人收入水平的提高，老年人对养老服务质量要求的提升，希望老有所养、老有所医、老有所乐和老有所学。在老有所养方面，老年人对医老床位和托老所的需求增多；在老有所医方面，老年人渴望完善医疗康健设施；在老有所乐方面，老年人对棋牌室和茶室的诉求增加；在老有所学方面，老年人希望建设更多的图书馆和老年教育大学。

在老龄化水平稳步提升且居家养老专业化水平较低的背景下，嵌入式养老社区新模式在上海市应运而生，如"爱照护"、长者照护之家等嵌入式养老机构。嵌入式养老机构的优势在于规模小，灵活性高，可以充分利用社区闲置资源改造成养护中心，让老年人在熟悉的社区环境与人际关系氛围中享受护理照料。

政策回应主要分布在2016—2018年。上海市政府在2016年印发《关于推进本市"十三五"期间养老服务设施建设的实施意见》，明确了十三五期间上海养老服务设施的建设目标即持续增加对养老服务设施的供给，将养老机构床位、社区综合为老服务中心、长者照护之家和社区日间照料中心等托老所的数量具体化，在"十二五"规划基础上进一步完善，扩大覆盖范围，增加扶持力度。2016年，政府了解民众对于养老社区需求，在《上海市老龄事业发展"十三五"规划》中提出"老年人生活的社区在环境优美、居住舒适、设施齐全、服务完善、文明和谐五个方面得到有效提升"。

为适应本市迅速增长的老年人对嵌入式养老设施的需求，上海市在2018年颁布了《社区为老服务实事项目和老年宜居社区建设试点有关工作安排的通知》（沪民老工发〔2018〕2号），将新增的社区综合为老服务中心、社区老人日间服务中心和老年活动室的数量具体化，整合各类为老服务资源，为老年人提供助餐、日托、医养结合等为一体的综合服务，让嵌入式养老服务"触手可及"，让越老越多的老年安享晚年。

（三）滞后型回应的特征总结

1. 养老需求具有基础性

第一，养老服务人才培养属于基础性养老需求。人才是各项事业发展之基，兼具数量和质量优势的专业化养老服务人才是支撑养老服务业迅速发展的基础，尤其在多层次、多样化的养老服务需求日益增多的时代形势下没有优质的养老服务人才就无法实现我国养老服务业的快速发展，因此培养养老服务人才的问题具有基础性。当前养老人才培养面临着养老人才招生难、人才培养层次单一和师资队伍落后的面临，满足老年人在养老服务中对养老人才的需求是应对老龄化最基本的方法。

第二，养老设施建设属于基础性养老需求。老年人的养老需求决定养老需求的供给，养老设施包括医疗设施、文体设施、教育设施和服务设施①。现代老年人群随着经济社会的发展和心理的变化，更加注重养老生活质量，不仅认为医疗需求和服务需求是基本的老年需求，也在意"活到老，学到老"和文体娱乐。因此在建设养老设施时，医疗设施、服务设施、教育设施和文体设施都是老年人的基本需求，不可或缺。

2. 养老需求具有迫切性

第一，培养养老服务人才迫在眉睫。21 世纪的中国拥有世界上数量最多的老年人口且养老服务需求居于世界首位，上海市作为深度老龄化城市情况更为严峻，养老服务人才的增长速度远远赶不上老龄化的速度，为弥补养老服务人才的缺口，需要高度重视专业化养老人才的培养。如果没有大规模、专业化的养老服务人才作为养老服务业发展的保障，上海市的老龄化现象会越来越严峻，因此培养专业化的养老服务人才，提高养老服务人才的专业素养刻不容缓。

第二，合理建设养老设施十分迫切。21 世纪以来上海市的老龄化进程发展迅猛且有加速的倾向，上海市面临着严峻的养老危机，居家社区养老模式的兴起和老年人数量的急剧增多都使得上海养老设施总量和设施分布越来越不能满足老年人的养老需求，养老设施资源的供需矛盾严重突出，因此合理规划并建设养老设施减轻社会的养老压力迫在眉睫。

3. 养老需求单一且集中分布

第一，养老服务人才培养诉求单一且诉求年份分布集中。2013 年随着上海市独生子女养老时代的到来，老年人口呈规模式的快速增长，对养老服务专业人才的社会需求日益旺盛，然而上海市的养老服务人才培养严重不足，养老服务业缺乏大量高素质专业化养老人才。可见，上海市的养老服务人才需求伴随独生子女时代的到来呈现爆炸式增长的态势，诉求单一且集中分布在 2013 年。

---

① 奚雪松、王雪梅、王凤娇、宇啸：《城市高老龄化地区社区养老设施现状及规划策略》，《规划师》2013 年第 1 期。

第二,养老设施建设诉求单一且年份分布集中。上海市"银发浪潮"带来老年人口急剧上涨的同时,养老设施的缺口也显现出来。养老设施在养老体系中发挥着基础性作用,养老设施随着老年人口的爆炸式增长,呈现出养老设施建设严重不足、缺乏统一规范的问题,此类养老需求在时代背景下表现诉求单一且集中分布 2014—2015 年的特点。

(四)滞后型回应的深层原因

综上所述,政府尚未意识到此类需求"露头"的情况下,无法制定并出台针对性的政策。随着上海市进入深度老龄化阶段,此类养老需求逐渐呈现出基础性和迫切性的特点,同时诉求类型单一且集中分布。一旦此类需求在社会上涌现出来并呈现一定的需求强度,政府就能予以相应的政策回应。常常在上述这种情况下,政府能够较好的解决此类问题,因此政府滞后于此类养老需求进行政策回应,并保证此类需求在一般情况下不在反弹,形成滞后型回应的类型。此类养老需求具有基础性和迫切性,关乎国计民生。基于此,政府在滞后于民众需求的情况下投入适宜的人力、物力和财力支持,形成政府滞后于民众养老需求的良性互动。

四 政府对民众养老需求的静默型回应

随着上海市人口老龄化现象不断加深,民众的养老需求日益多元化。本研究在呈现政府回应民众养老需求的数据结果中发现,部分养老问题存在民众需求居高不下而政策始终保持静默的现象,构成政府回应民众养老需求中的静默型回应。通过对静默型回应进行原因估判并总结特征,为提升国家治理能力提供建议启示。

(一)静默型回应的数据结果

本文以上海市为例,基于新浪微博和百度新闻平台中民众的养老舆论文本,结合养老政策进行大数据分析,归纳总结出民众诉求较高但政策静默的养老问题,其中包含以下 5 个具体问题,此处对政策静默匹配型进行数据呈现。

1. 对以房养老模式静默回应的数据结果

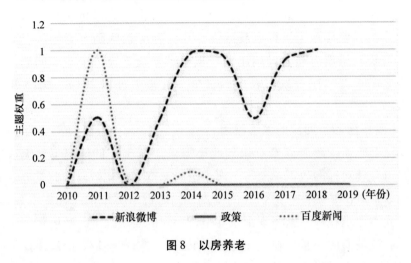

图8 以房养老

分析图8可知,微博、百度新闻和政策关于上海以房养老问题的三条曲线的趋势相差较大。首先,分别分析三条曲线的权重趋势。微博的权重曲线在2010—2018年整体呈现出波动上升的态势,继2011年一个阶段性的高峰值之后在2014年权重值再次达到历史最高点,2016年以后趋于平缓;百度新闻中对于上海以房养老问题的诉求呈现出不断下降的趋势,在2010—2014年关注度较高,2015年以后诉求反映度不高;政策在图8中的权重值一直为零,说明政府颁布的上海以房养老政策法规较少,政府对于此问题的回应度较低。

其次,结合三条曲线综合分析大致可以分为两个阶段。2010—2012年,民众在微博和百度新闻中的诉求权重呈同步上升趋势,均出现一个上升的峰值点,政策的权重值为零;2013—2019年三条曲线的趋势有较大差距,微博的诉求权重持续波动上升,百度新闻的曲线相比微博则趋于平缓,而政策的曲线保持在零点,表现为一条与零重合的水平线,说明政府在面对民众关于上海以房养老的诉求热情时一直未给出相应的政策回应。

2. 对消费养老模式静默回应的数据结果

由图9可以知道,微博、百度新闻和政策的三条权重曲线中有两条

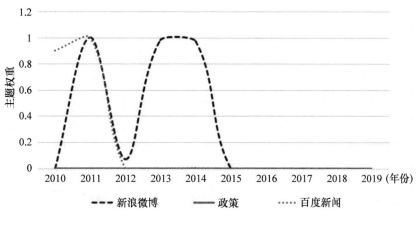

图9 消费养老

起伏较大,另外一条趋于平缓。首先,微博的权重曲线在2010—2018年起伏波动较大,主要可以分为两个阶段,2010—2014年民众在微博平台中关于上海消费养老的诉求跌宕起伏,2011年出现第一个高峰值,2013年和2014年是第二个阶段性的高峰,2015—2018年为第二个阶段,民众诉求权重逐渐降低最后归于零点;百度新闻的权重曲线整体呈现为在起伏变化中逐年下降的态势,在2010—2011年,百度新闻中关于上海消费养老的报道权重激增,2011年以后权重迅速下降,在2015年权重值为零;政策的权重曲线在微博和百度新闻权重曲线起伏变化的同时一直未发生变化,和水平线重合。

其次,对比三条曲线的趋势走向可以从两个时间段进行描述。2010—2012年,微博和百度新闻的曲线走向趋于同步,民众在微博和百度新闻中对上海消费养老问题的需求激增,均在2011年出现一个诉求高峰点,政府的相关政策未给出回应;2012—2019年中微博的曲线波幅较大,在2013年和2014年的权重值趋近1,而百度新闻和政策的权重曲线与微博形成鲜明对比,百度新闻近5年的权重值为零,政策的曲线也没有波动。

3. 对异地养老需求静默回应的数据结果

从图10中三条曲线变化情况来说,微博和百度新闻关于上海异地

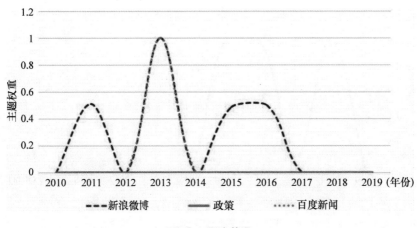

图10 异地养老

养老的权重曲线呈"山"形,政策的权重线为一条水平直线。首先,微博的曲线呈现为"山"形的趋势,民众在微博中对上海异地养老的诉求随年份变化跌宕起伏,分别在2011年、2013年和2016年有三个高峰点,2013年诉求权重最大;百度新闻的权重曲线总体波动幅度较小,仅在2013年权重急剧上升,其余年份波动平缓,民众在百度新闻中对于上海异地养老问题的诉求有所减少;从图10可以看出政策的权重线趋于水平,可见政府在2010—2019年对上海异地养老问题的关注较少。

其次,整体观察图10中三条曲线的关系可以分为三个阶段。2010—2012年,微博的曲线波幅较大,百度新闻和政策的曲线趋于平缓;2013—2014年,民众在微博和百度新闻中对上海异地养老问题的关注热情同步提升,政策的权重线仍没有明显变化;2015—2019年,上海异地养老问题再次在微博平台中引起热议,权重起伏明显,百度新闻在2016年有小幅波动,政策的权重值始终保持不变,这与微博和百度新闻形成鲜明对比。

4. 对个税递延型养老保险静默回应的数据结果

分析图11可以发现,民众在微博和百度新闻平台中对上海个税递延型养老保险问题的关注较高,政府的政策回应相对较低。首先,微博的曲线在 2010—2018 年中起起落落，民众在微博中对上海个税递延型养老保险问题讨论热烈，在 2011 年、2013 年和 2017 年中关注度激增，2014—2016 年曲线趋于平缓；百度新闻的权重曲线整体呈现先上升下降的趋势，2012 年百度新闻中民众对上海个税递延型养老保险的诉求权重出现一个高峰值，2012 年以后诉求权重逐年下降，在 2016—2018年权重有小幅提升；政策的权重在近十年始终为零，说明政府对个税递延型养老保险的关注较少。

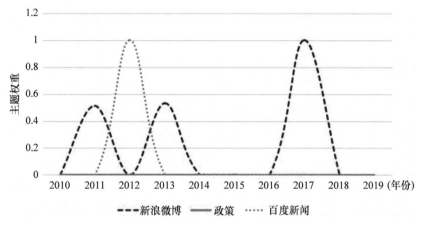

图 11　个税延递型养老保险

其次，综合三条曲线分析民众和政府对上海个税递延型养老保险问题的关注，图 11 可以分为三个阶段。2010—2013 年，民众在微博和百度新闻中对上海个税递延型养老保险的诉求较高，政策的权重一直为零；2014—2016 年，微博、百度新闻和政策三条曲线均波动平缓，趋近于零点；2017—2019 年，民众在微博中对此问题的关注迅速提升，在 2017 年达到历史上的高峰点，百度新闻和政策的权重曲线仍没有起伏。

5. 对"邻避效应"静默回应的数据结果

从图 12 可以发现，民众在微博和百度新闻中的诉求曲线趋于一致，而与养老机构"邻避效应"相关的政策制定较少。首先，微博的诉求曲线呈现出先上升后下降的趋势，2015 年民众对养老机构"邻避效应"的诉求出现高峰值，2015 年后权重迅速下降；近十年中百度新闻仅在 2015

年讨论热烈，其余年份诉求权重为零；相比微博和百度新闻的诉求曲线，政策在 2010—2019 年始终保持为一条水平直线，没有起伏变化。

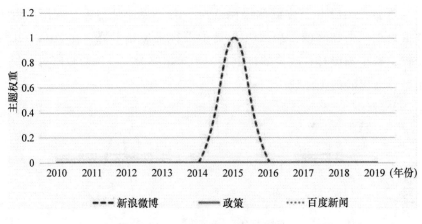

图 12　社区养老"邻避效应"

其次，综合三条曲线可以发现，微博和百度新闻的权重曲线走向一致，近乎重合，民众在微博和百度新闻中对养老机构"邻避效应"的讨论集中点相同，均在 2015 年；政府始终对养老机构"邻避效应"的问题关注较少，政策回应度较低。

（二）静默型回应的原因估判

1. 对以房养老模式静默回应的原因估判

民众对"以房养老"的诉求热情在 2011—2018 年一直居高不下。"以房养老"是在中国养老危机日益严峻的背景下提出的，是通过一定的金融或非金融手段把老年人自有产权变为资金收入来实现自主养老的养老模式。21 世纪以来，"银发浪潮"迅速席卷全国，而我国社会保障制度尚不健全，政府养老金不足，养老问题日益突出。"以房养老"作为对现行养老保障制度的补充，是顺应时代需要和社会变迁的。上海作为全国第一个进入老龄化社会的城市，是具备实施"以房养老"的基本条件的：第一，上海经济发达，居民生活水平高，较多的老年人拥有两套房子，拥有住房产权，这为"以房养老"的实施奠定了基础；第二,上海自2013年进入独生子女养老时代以来,完全依靠子女的养老压力越来越大,催生了老年人依靠自生力量养老的需求,"以房养老"便成为老年人可选的养老模式之一;第三,上海传统的住房抵押贷款相对成熟,为住房反向抵押贷款的开展积累经验,而且上海多家银行已开始准备反向抵押贷款业务。上海作为最有希望最有可能实现该养老模式的城市,但是自2007年上海公积金管理中心曾试推行以房自助养老,咨询此项目的老年人众多,正式申请"以房养老"的老年人却寥寥无几;2011—2018年民众对"以房养老"模式的热议持续不断,大多持观望态度,很少有老年人实施"以房养老"。

上海已具备"以房养老"的基本条件,2013年李克强总理在国务院会议上曾指出"应积极开展老年人住房反向抵押养老保险试点,创新养老服务新模式",但在操作上层层受阻,处于发展瓶颈期,总体来说政府关于"以房养老"的政策回应较少。"以房养老"模式面临以下障碍:第一,老年人固有传统观念的束缚,大多数老年人保持养老防老的思想,他们认为房子是赖以生存的基础,是需要传给子女的重要资产,不到迫不得已不会出售房产。第二,"以房养老"机构发展不成熟,目前我国市场上开展以房养老业务的机构尚不成熟、不专业,甚至还有一些机构一味追求自身利益损害老年人的权益,同时老年人对新事物的接纳程度较低,有抗拒心理。第三,银行机构为实现效益最大化容易对房屋的维护不周,造成房屋贬值。

2. 对消费养老模式静默回应的原因估判

民众对消费养老问题讨论热烈,集中于2010—2014年。2010年曹建华创办了上海家帝豪电子商务有限公司,通过"我爱我买"电子商务平台推出"在线消费养老"计划,此计划在市场上反响巨大,仅在2010年有3万多消费者自愿参加该计划并实现消费积分到消费资本的兑换。2011—2012年,上海家帝豪电子商务有限公司不断在全国范围内开展包装和公关手段来获取民众对"消费养老计划"的信任,越来越多的人参与到计划中来。2013年上海家帝豪有限公司因涉嫌非法集资,从事扰乱社会秩序的传销活动,最高法院依法对曹建华追究刑事责任。"消费养老计划"是上海有史以来涉案人数最多、金额最大的传销系列案，因此"消费养老"计划被迫停止，2014年以后民众对消费养老的讨论迅速下降。

消费养老与我国传统的储蓄养老是不同的，我国民众习惯用积攒几十年的积蓄养老，在选择养老模式时会慎重考虑。消费养老是一种养老模式的创新，需要接受社会各方面的监督和考验，需要公众逐渐的理解和接受。政府一直没有对消费养老制定相关的政策，主要原因如下：第一，消费养老的形式在我国甚至全世界还属于新兴事物，对该养老模式的定位尚不明确；第二，我国民众的养老观念受传统思想影响较大，对新兴的消费养老一知半解，接纳新事物需要一个过程。

消费养老新模式作为对养老保障制度和模式的创新，开辟了国家养老金的来源，为老龄社会中养老难题的化解带来了希望，也在一定程度上缓解了政府在养老中面临的财政压力，更是保障和促进消费的举措。

3. 对异地养老需求静默回应的原因估判

民众在微博和百度新闻中对异地养老的关注主要在2011—2013年和2016年。据《上海市老年人口和老龄事业监测统计调查指导》调查，上海在2010年年底常住人口规模达2300万人左右，属于超大城市，且上海户籍人口老龄化率为23.4%，老龄化程度持续加深。面对紧缺的养老院和养老床位，异地养老的出现吸引了部分老年人。老年人在上海选择异地养老的原因有以下几点：第一，上海作为特大型城市之一，人口越老越多，房价和生活水平均大幅上涨，选择去周边地区养老成为一个不错的选择。第二，环境幽静，远离城市喧嚣，空气清新的小城镇在退休老年人选择养老地时较受欢迎。第三，由于思想的不断转变，许多老年人愿意选择趁身体康健的时候多出去走走，提高生活的质量。第四，随着人们生活水平的提高，老年人群体积攒了不少积蓄，有足够的经济能力选择异地消费。第五，有些老年人退休后更意愿回到故乡或祖籍所在地，在那里他们认识更多的熟人，有亲切感。综上，候鸟式异地养老模式的存在和发展，一方面改变了老年人传统的养老观念，为养老模式的选择提高较大的多样性和灵活性，大大丰富了老年人的精神文化生活，满足了老年人旅游、访友和生态养老等多方面的需求；另一方面也是对传统养老方式的补充，有效弥补了传统养老模式功能的弱化，激活了被闲置的养老资源。

异地养老在引起民众热议的同时，政府迟迟没有给出政策回应或者相应的政策支持，在一些问题考虑上存在顾虑。第一，老年人出行的健康安全问题。老年人因为年龄或身体原因在长途出行时或在异地旅途中可能会遇到威胁人身安全的事件的发生，这对老年人都是极大的挑战。在脱离长期生活的熟悉环境，如果没有及时的交流和人文关怀，老年人的心理健康会受到一定程度的影响。第二，异地医保的报销问题。异地养老的衣食住行等基础设施得以解决，地域间的差异也在逐渐缩小，制约"候鸟式养老"发展的瓶颈日益凸显，医疗保险无法实现跨地区转移办理成为异地养老的"终极难题"。各地经济发展差异和医疗水平的差异导致全国很难实现全国统一报销，在异地养老中大部分老年人生小病都直接到药房自费买药，如果生大病需要回医保报销城市就医。老年人认为当前医保异地就医结算最麻烦，也是制约异地养老的最大"痛点"。

4. 对个税递延型养老保险静默回应的原因估判

个税递延型养老保险（以下简称"递延型养老保险"）的诉求分布在2011—2013年和2017—2018年。个税递延型养老保险在英美国家早已发展成熟，以美国的401K计划和个人退休账户安排（IRA）为代表，我国随着老龄化时代的到来，养老保险制度受到严峻挑战，上海作为我国最早步入老龄化的城市之一，早在2006年就开始研究个税递延型养老保险。自2011年以来，民众期待老有所养，对推行个人税收递延型养老保险的意愿日益强烈，即保险购买人在缴纳个人所得税前先列支保费，在领取保险年金时纳税。民众对个税递延型养老保险的需求增加的原因在于：上海的物价水平和个人收入不断提高，民众在缴纳个人所得税带来的压力与日俱增，如果能税前列支保费，就可以在一定程度上缓解人们的纳税负担，进一步提高生活质量。总之，对于个人来说，在税前购买养老保险实现减免部分当期的个人所得税，是一种税收优惠和养老补助，有利于民众生活质量的改善和养老生活保障的提高。

个税递延型养老保险自提出以来"雷声大雨点小"，在付诸实践中有诸多阻碍因素：第一，政府个税征管能力的限制。我国设置个税递延型养老保险对财政部分而言是部分收入的减少，对税务总局而言也是现有能力的不足。我国税务机关对个人收入信息和统一的信息化管理平台建设尚不完善。第二，每月缴费金额的争议。不同价格的个税递延型养老产品，每月避税的金额不同，假设每月购买 600 元的个税递延型养老保险，收入越高，避税的金额越大。第三，收入分配的差距拉大。我国的流动工作人员和社会低收入者是最需要养老保障的群体，而实施递延型养老保险让收入不同的人缴纳同等税额，不仅没有缩小收入差距，反而收入高的人纳税更低，扩大了收入差距。

5. 对"邻避效应"静默回应的原因估判

"邻避效应"指具有环境负外部性的某些公共项目在给广大居民带来利益的同时，其负外部性由项目周边居民承担而引发的抗议现象①。上海市小区居民先后在 2015 年和 2017 年自发组织抗议活动抵制社区养老即"嵌入式"养老院的入驻，该事件在社会上引起热议。社区"嵌入式"养老院是应对人口老龄化的养老新模式，但由于邻避设施的选址冲击着民众传统的生死观又损害民众房产价值的利益，一度引发民众的抗议。

面对社区"嵌入式"养老院引发的"邻避效应"，政府迫于压力取消社区养老院的建设，同时为应对此类问题出台的政策建议较少，原因可能有：一是没有充分考虑到民众传统的生死观，一些居民出于疾病传染以及对死亡的恐惧反对自己居住小区居住年迈的老年人，因而建设养老社区阻力较大；二是没有考虑到对小区房价的影响，"嵌入式"养老院的设立可能会影响甚至拉低小区房价。

（三）静默型回应的特征总结

1. 养老需求具有新兴性

无论是以房养老、消费养老或异地养老等养老模式的选择，还是个税递延型养老保险和社区养老"邻避效应"等具体养老诉求的产生，都是在应对上海日益严峻的人口老龄化形势过程中产生的新生事物。总之，上述问题均属于新兴性质的问题，处于起步阶段。

---

① 赵小兰、孟艳春：《社区"嵌入式"养老服务模式：优势、困境与出路》，《河北大学学报》（哲学社会科学版）2019 年第 4 期。

以房养老作为多元化的养老方式之一，最早发起于荷兰并在美国形成完整的"倒按揭"模式，2003年被引进中国①，是一种养老方式的舶来品，属于新兴的养老观念。消费养老作为企业主导的养老项目，将消费增值的价值回馈消费者，是一个新生事物，一种新型的养老方式，具有传统养老方式没有的优势，此模式尚处于试点阶段，政府、消费者、让利企业和金融机构等多个利益主体仅在浅层次合作，尚未形成完善的养老消费养老体系。异地养老如一轮新日在我国刚刚起步，是中国经济转型萌生的一种新型养老方式，丰富了老年人的生活方式，为中国应对人口老龄化提供了新的养老思路。在养老问题成为亟待解决的民生问题的时代背景下，社区"嵌入式"养老以独特的优势为养老困局的解决提供了新方法，同时社区"嵌入式"养老带来的"邻避效应"也是一种新的养老问题。

2. 养老需求在学习国外成熟模式的过程中有待完善

当前发达国家对于以房养老的探索和实践相对成熟，但由于各国在国情和文化背景等方面的不同，中国在引入以房养老模式的实施过程效果不佳，因此中国以房养老的路径选择不能完全遵循发达国家以房养老模式的轨迹，应在中国具体国情的背景下探究我国以房养老的社会环境，累积以房养老模式的经验，探索为民众谋福祉的"中国式养老之路"。

消费养老在中国没有丰富的数据基础和实践经验，中国化的消费养老探索之路漫长，需要政府、企业、保险公司和消费者的协调和配合，消费养老体系需要逐步完善，本土化实践有待深入。

异地养老在发达国家发展较早。日本在20世纪为应对"银发浪潮"曾制定异地养老战略，选择距离较近的国家如泰国、新加坡等建设养老设施，实现异地养老；英国也会有老人将自己在本国的房屋出售后选择物价水平较低的西班牙、南非等国家享受更好的养老服务。

以个税递延型养老保险为代表的利用税优政策推动个人补充养老保险发展的做法，在欧美发达国家的发展较为成熟和普遍，如美国的个人

---

① 马征：《政策过程理论视角下"以房养老"推行困境的原因分析》，《河北经贸大学学报》2018年第3期。

养老金账户、德国的里斯特养老金计划和加拿大的个人退休储蓄计划。

社区"嵌入式"养老即将养老院嵌入居民小区的养老形式在北欧发达国家已发展成熟，瑞典在 20 世纪 60 年代为应对人口老龄化将老年照顾资源转移到家庭或小区中，实行上门服务或社区照料。

3. 养老需求具有改善性

上海人口老龄化加剧、养老金缺口不断增大，寻找有效的方式缓解"养老危机"成为摆在政府面前的一道难题。近年来，随着多元化养老融资模式理论和多元化养老方式探讨的深入，以房养老作为调动老年人"沉睡资产"而缓解养老困境的方式之一受到社会各界越来越多的关注，通过日常的基本消费将消费增值的价值回馈给消费者作为养老保障的消费养老和离开长期居住地到出生地、户籍地之外居住的异地养老同样是多元化养老模式下的选择之一。此外，大多数民众主要依靠城乡居民养老保险来保障养老生活，个税递延型养老保险作为一种商业养老保险，是对基本养老保险制度的一种补充，属于改善型需求。社区养老是我国在老龄化日益严峻的情况下提出的新型养老模式，是对传统的家庭养老模式的一种方式补充，因此伴随社区养老模式产生的"邻避效应"是一种改善型需求，政策出台的紧迫性不足。

4. 解决此类养老需求的现实条件不充分

当前中国以房养老的发展正处于瓶颈期，政府养老金缺口的不确定性和对市场监管力度的不足加剧了以房养老的实施障碍，金融机构信誉骗局的陆续发生和金融技术手段的落后增加了以房养老模式的落地阻力，中国传统的"养儿防老"和"房产继承"观念也给以房养老模式的推行带来阻碍。综上，政府解决以房养老的现实条件尚不充分。

消费养老目前是一种比较理想的新型养老方式，从我国目前的经济和人口形势来看，消费养老体制的不完善，消费养老企业面临的融资困难和运营经营风险以及消费者资金账户在金融市场中的不确定性都给消费养老的实施带来极大阻碍，这也正是政府推行消费养老模式面临的现实困难。

异地养老的养老方式目前在许多方面还不够成熟，面临着诸多困难，如多数老年群体"养老依靠子女""离乡不离土"传统思想的固化，老年人的医疗保险无法实现异地报销，异地老年居住人员无法真正融入迁入地，医疗服务和社区养老服务等出现供需失衡。

解决社区"嵌入式"养老带来的邻避新困局需要民众转变传统的生死观念以及政府解决小区的房价利益，并非一朝一夕能完成，我国当前的现实条件还不充足。

（四）静默型回应的深层原因

综上所述，此类养老需求同时具有以下几点特征：一是具有新兴性，二是此类需求在发达国家的研究较为成熟，我国在本土化实践过程中有待深入，三是属于改善型需求，四是政府回应此类养老需求的现实条件不充分。基于以上特征，政府多是采取回避此类需求或者保持政策静默的回应方式，形成政府回应民众养老需求的静默型回应。

五 反思与启示

本研究以上海市为例，根据政府回应众需求的互动匹配划分为反复型回应、滞后型回应和静默型回应三类，希望相关政府在新时代治理过程中始终以人民为中心，"区别对待"各类养老需求，将精准治理思想与实际养老民生问题相结合，针对不同的回应类型实施不同的政策，推动国家治理体系和治理能力的现代化建设。当然，当前政府回应民众需求的匹配类型同政策回应养老需求的"理想模式"存在一些差距，有待政府不断改进和完善，逐渐形成中国特色的治理模式。

（一）对中国特色国家治理模式的反思

1. 当前政府回应民众需求的常见类型

本文通过以上海市为例，根据政府政策对民众养老需求的回应类型划分为反复型回应、滞后型回应和静默型回应三类。

第一，反复型回应。前文中提到本研究发现反复型回应在从"人民中心"视域下研究政府回应民众养老需求的类型中是最为常见的一种回应类型，而学界大多认为滞后型回应是更常态的匹配类型。与之相比，学者大多重视政策与民众互动匹配中在短期内呈现出的政策滞后并对此进行学理研究，但如果将时间跨度拉大，滞后型回应的养老需求可能与政策表现为频繁互动的现象。政策反复型虽然是政策与民众养老需求互动匹配的常见类型，但与政策回应的"理想模式"还是存在一定差距。

第二，滞后型回应。政策滞后型虽然是政府回应民众养老需求的常见类型，但与政策回应的"理想模式"还是存在一定差距，主要表现为政策回应的时间较长。因为此类需求从现有年份数据来看是符合滞后型回应的，与政策回应的"理想模式"相比，政策回应与民众需求涌现的时间差过长，而滞后型养老需求又具有刚需性、紧迫性和诉求单一且分布集中的特征，此类养老需求一旦出现，政策应该尽早回应。

第三，静默型回应。静默型回应在一定程度上符合当前政府回应民众养老需求的客观情况，但还需要不断改进完善，主要表现在以下两方面：一是政府回应此类养老需求的主动性不足。因为静默型回应需求具有新兴性和改善性的特征，政府在面对此类需求时还没想好回应此类需求的合理对策，虽然此类需求在发达国家发展较为成熟，但在中国国情下并不能完全适用，加之民众对其了解还不全面，政府在回应此类需求中常表现为主动性不足的特点。二是解决此类养老需求的客观条件不成熟。在我国养老问题给全社会带来许多挑战的时代背景下，多元化的养老方式涌现出来。静默型养老需求作为应对老龄化危机的方式具有新兴性、改善性，在社会、养老机构、金融机构和民众等多方面的条件均不成熟，难以依靠政府一己之力满足此类养老需求。

2. 政府回应民众需求的"理想模式"

当前政府回应民众需求的过程中存在诸多不足，政府回应民众养老需求的"理想模式"是坚持以人民为中心的思想，以民众需求为回应内容，秉持积极主动的态度，及时有效的回应民众需求，实现前瞻性的回应。

第一，以人民为中心。随着人民民主意识的增强，在回应民众养老需求强调政府树立以人民为中心的"民本位"回应意识，一切从民众利益出发，对民众养老需求呈现积极主动的态度。不论是西方新公共服务理论中对公民主人身份的认可还是中国"责任型"政府的建立都是政府在回应民众需求强调以人民为中心的基础之上。

第二，以民众需求为回应内容。随着时代的进步和发展，广大民众的民生需求越来越成为政府回应工作的起点。在政府回应民众需求的"理想模式"中，民众需求指的是多数劳动者的真实利益诉求，而不是少数利益集团或政府自身的利益诉求；民众需求不仅包括民众在现有条件下表达的各类民生诉求，同时也包含民众尚未意识到的潜在的民生利益诉求，本文中主要强调民众的养老诉求。

第三，及时有效的回应方式。政府回应民众需求的"理想模式"要求政府对民众已表达的养老诉求及时有效地予以回应，而不是无意拖延或有意回避，强调政府在回应有效期主动掌握民众具体的养老诉求，积极了解诉求内容，做出"正当其时"的令民众满意的政策回应。如果政府不能及时有效地回应民众养老需求，可能会引发民众不满情绪的爆发甚至会带来社会的不稳定。

第四，积极主动的前瞻性回应态度。理想的政府回应民众需求模式应该是积极主动的，具有前瞻性的回应，而不是持被动消极的态度。随着民众养老需求的不断变化，政府应树立前瞻性回应理念，运用新技术预见性的掌握和收集民众潜在的养老需求，实现"既想民之所想，又想民之所未想"和养老民生事业的引领发展。

（二）对国家治理体系和治理能力现代化的启示

1. 对国家治理体系的启示

本文通过分析政府回应民众需求的三种类型并进行反思后，对我国的国家治理体系建设有一定的启示，主要包括以下两点。

第一，在滞后型回应的类型中，针对已回应诉求，应完善政府回应民众需求的反馈机制。政府回应民众需求是一个"民众—政府—民众"循环往复的过程，政府在政策制定和执行中不可能完美无缺的与民众需求相匹配①。因此，健全政府回应民众需求的反馈监督机制是提升政策与民众需求匹配性的关键因素。通过反馈监督机制的作用，政府可以及时洞察政策回应中出现的问题，适时地调整和完善政策，避免此类需求的再次反弹。

---

① 景云祥：《和谐社会构建中政府回应机制的建设》，《社会主义研究》2007 年第 2 期。

第二，在静默型回应的类型中，应健全政府的宣传解释机制，获取民众的支持和理解。政府在回应民众需求时，既要求政府对民众需求及时积极的予以回应，难以解决的民众需求也要给予回应并解释原因，降低民众的诉求度；又要采取行动以满足民众正当、合理的需求①。对于难以解决的民众需求，政府要加强对民众的日常解释宣传工作，将政府在客观条件上无法解决的问题用通俗易懂的语言准确地解释给民众，使他们较为容易的理解和接收，由此避免因为交流不畅产生的不必要的摩擦和阻力。

综合运用传统媒体和新媒体进行宣传解释。一方面考虑到民众需求多与民众利益保障息息相关且存在部分民众不擅长使用互联网，因此政府不能舍弃利用传统媒体的宣传解释作用。在推进国家治理体系建设的过程中，充分利用报纸、广播、电视和杂志等传统媒体的优势，对政策未回应的热点民众需求进行解释宣传，以获得民众的理解和支持。另一方面互联网在科技发展日新月异的当下不免为政策的解释和宣传工作提供了便捷的渠道，政府可以利用电子平台向公众解释尚未解决的需求，获得民众的理解和支持，进而降低民众某些居高不下的诉求热情。

利用实物平台进行解释说明。民众需求的满足与民众的生活关系密切，因此政府可以借助街道里的展板和广告栏等，普及相关知识，对政府未回应的热点诉求进行宣传解释。例如政府在回应民众关于以房养老模式的诉求时，可以通过"展板入社区科普解释宣传相结合"的形式，客观地向广大民众解释以房养老模式在我国当前国情中面临的市场阻碍、金融机构现有条件的不足以及可能出现的问题，以供民众参考。通过这种方式，不仅实现了与民众主动交流的目的，也会额外收获民众的养老信息反馈。

2. 对国家治理能力现代化的启示

本文通过分析政府回应民众需求的三种类型并进行反思后，对于推进我国的治理能力现代化有一定的启示，主要包括以下几点。

第一，在反复型回应的类型中首先要加强政府对民众需求的研判，

①　李伟权：《简论政府公共决策回应机制建设》，《学术论坛》2002 年第 4 期。

提前调研民众需求以提高政策的弹性空间。政府回应民众需求是一个不断反馈与回复的过程，有些政策没有充分考虑民众需求的时代变化，未来应对性不足，说明政府对民众需求的了解还不够真实准确，因此要加强政府的提前预判能力，在政策制定前对民众需求进行调研走访，尽可能地了解民意以提高政策的弹性空间，保证民众养老需求在一定变化内政策仍旧适用。其次要加强政府转变民众传统观念的教育，推进民众观念与时俱进。政府制定和实施相关政策是为了满足民众合理的需求，对于符合时代大潮的新兴需求更是积极回应和满足的，但是在这过程中难免有部分民众亟需转变传统观念，适应与时俱变的形势。

对于具有新兴性且符合时代的民众需求，政府应不断加强转变民众传统观念的教育，主要包括三点：一是文化熏陶走进社区。对于此类新兴性的民众养老诉求政府可运用艺术化的方式，选取贴近生活的养老诉求题材，在街坊社区中进行表演，以文化熏陶的形式潜移默化的影响民众的养老观念进而逐步转变其传统观念。例如对于鼓励民众逐步适应嵌入式养老机构，就可将此题材编为小品或话剧等，采取民众喜闻乐的形式在社区或老年活动中心等地方进行演出，既减少老年人生活的枯燥，又在潜移默化地转变老年人传统在家养老的观念。二是借助物质载体进行推广宣传。政府为了促进民众转变传统的养老观念，单靠宣讲教育既枯燥无聊又难以深入人心，因此可以在了解老年人的心理需求基础上，制作成本较低且样式多样的小礼品，印上宣传标语，在社区和街道中免费发放。例如政府为鼓励医养结合，制作一批带有通俗易懂的宣传标语抽纸盒，免费向民众发放，采取这样的形式既有实物存在，能够长期保持，又能以润物细无声的方式影响民众的养老观念。三是给予物质或精神奖励。为推进民众养老观念的转变，政府除了利用文化载体和物质载体来转变民众传统养老观念，也可以给予一定程度的物质或精神奖励，让民众有真实的获得感和幸福感。例如政府在鼓励民众接受智慧科技养老以提高养老生活质量时，可以根据民众在自愿原则下接受智慧科技养老的程度，在社区内进行评选，并给予奖品或一定金额的奖励。

第二，在滞后型回应的类型中，应缩短政府的政策滞后时间。因为政策滞后型民众需求具有刚需性、紧迫性和诉求单一且分布集中的特征，因此我们可以从发现问题的敏感性和及时性出发，一旦此类需求刚刚萌芽，就尽早采取相应的政策回应，通过足够的人力、物力和财力解决需求，防止此类需求在社会中涌现出来，缩短政策的滞后时间。

　　第三，在静默型回应的类型中，应加强政府的主观能动性，为满足民众诉求营造良好的政策环境。政府政策的制定和实施是为了最大可能满足民众的时代需求，在"民众—政府—民众"的循环中，政府应发挥其主观能动性，为能够解决的需求营造良好的政策环境。例如异地养老问题是政策静默型养老需求的一种，虽然政府尚不能迅速解决此问题，但能满足异地养老最紧迫的需求即从政府层面制定异地医保报销的相关政策。

后　　记

　　本书是华北电力大学大数据与哲学社会科学实验室研究团队的研究成果的汇编，是实验室自成立以来在大数据与哲学社会科学交叉研究方法与技术领域的重要成果。

　　大数据与哲学社会科学实验室（Big Data & Philosophy and Social Science Laboratory）发起于 2016 年 12 月，正式成立于 2018 年 3 月。实验室利用大数据分析技术和方法开展多学科交叉研究，创新研究范式，探索新的理论研究增长点，致力于解决国家治理、经济运行、社会管理、企业管理等人文社会科学领域的实践问题，为政府、企业和其他社会组织提供大数据应用相关的智库咨询服务。实验室在成立的过程中得到了学校诸多领导的鼎力支持和帮助，特别是从实验室立项到建成，每每遇到重大难题时，实验室建设联系领导——学校党委副书记、纪委书记何华都亲自出谋划策，排除困难，使得建设工作得以顺利推进，在此谨致衷心感谢。

　　目前，实验室已经形成了一个横跨数据科学、管理学、社会学、语言学、计算机科学等多学科领域的师生团队，现有核心成员 32 人，其中教授 3 人、副教授 4 人、讲师 3 人、研究生 22 人；实验室与美国哈佛大学、美国匹斯堡大学、南丹麦大学等多个国际知名院校的大数据研究团队深入开展合作，组织了多次高质量的学术交流。在技术方面，实验室得到了美国匹斯堡大学著名大数据和人工智能研究专家 Allen 教授的指导，所使用的大数据分析技术达到世界前沿。

　　实验室重视学术团队与科研生态建设，至今已经形成了每周学术例会制度，截至 2021 年 6 月已经召开了 80 余次学术讨论会。此外，实验室还和学校更多部门合作开展研究，助力学校管理和决策，比如：和学生处合作，实施了"大思政教师队伍合作研究计划"，有 58 位辅导员报名参加合作计划；和数理系、计算机系合作，招收"应用统计"和"计算机技术"专业研究生，联合培养大数据方向研究人才。本书中的成果就是这些学术活动的结晶，是实验室全体成员和合作人员共同努力的成果，在此对所有参与者致以无上谢意。

本书的主要作者马燕鹏是实验室的技术负责人之一，对实验室创建居功至伟，从初期的技术研发、团队成员的技术培训，到当前的技术创新，自始至终都发挥了关键性作用。需要说明的是，书中的很多成果虽然没有直接列明马燕鹏老师的贡献，但是每一项成果都深深融入着马燕鹏老师的心血与汗水。

本书的另一个主要作者王建红是实验室负责人，在国内较早倡导大数据与哲学社会科学的交叉研究需要加强交叉融合的技术方法的实验与研发，在此基础上形成了比较鲜明的重技术的大数据与哲学社会科学交叉研究风格，至今已在《光明日报》《自然辩证法研究》等报刊发表大数据相关研究成果近 20 篇；组织主办三届"大数据与哲学社会科学研讨会"等相关学术会议 6 次；应邀在相关学术会议上主题发言 9 次；发起成立了"大数据与哲学社会科学研究联盟"，相关活动和成果得到了《人民日报》《光明日报》《中国经济网》《中国教育报》《中国社会科学报》等多家媒体的广泛报道。

在本书编写过程中，实验室的团队成员祁斌斌、王紫玉、梁兴尚、李金聪、杜江婷在文献整理、编排等方面付出了无比的艰辛和努力，在此一并致谢！